在地生长——地域文化景观塑造

严龙华 著

U0249206

中国建筑工业出版社

作者介绍

严龙华，清华大学建筑学专业毕业，同济大学建筑学硕士，福建省首批工程勘察设计大师。曾任福州市建委副总工程师，福州市规划设计研究院副院长、总建筑师，福建工程学院建筑与城乡规划学院副院长。现任福建理工大学教授、建筑与人居环境研究所所长，福建省城市科学研究会副会长，福建省住房和城乡建设厅历史文化保护与传承专家委员会副主任委员，住房和城乡建设部城市设计专家委员会委员，中国名城委城市设计学部委员。

长期致力于历史文化名城保护与更新的理论研究及实践，主持大量重大项目的规划与设计工作，多次获得国内外嘉奖。主要作品有福州马尾中国船政文化博物馆、林则徐纪念馆以及福州镇海楼重建、福州三坊七巷、朱紫坊、上下杭历史文化街区、福州西汉闽越古城遗址、福州古城核心区等一系列遗产保护与活化工程。其中，福州三坊七巷获中国建筑学会建筑设计奖一等奖，福州上下杭历史文化街区、朱紫坊、闽安古镇、福州鼓岭旅游度假区四个项目获全国优秀工程勘察设计行业奖一等奖，福州市规划设计研究院创意产业园、三坊七巷保护与整治、福州传统老街保护与整治三个项目获全国优秀工程勘察设计行业奖二等奖。多年来在《建筑学报》《建筑师》《古建园林技术》《世界建筑》等期刊上发表学术论文 20 余篇。

代序：
"五位一体"的实践

马国馨

中国工程院院士
全国工程勘察设计大师
北京市建筑设计研究院有限公司顾问总建筑师

福建理工大学严龙华教授在八闽大地辛勤耕耘 30 余年，最近他将多年设计实践的成果和经验《在地生长——地域文化景观塑造》交由中国建筑工业出版社结集出版。这是一册有理论又有实践、有规划又有设计、有遗产保护又有发展利用、有名城保护又有乡村振兴的学术专著，是一部内容丰富、图文并茂、虚实结合的力作。我有幸先睹为快，也想简要整理一下粗浅的体会。

严龙华（1964—），福建省福清人，1981 年进入清华大学建筑系学习，后来又在同济大学获建筑学硕士。曾任福州市建委副总工程师，福州市规划设计研究院副院长、总建筑师；现任福建理工大学教授、建筑与人居环境研究所所长。此外，还兼任福建省城市科学研究会副会长、福建省住房和城乡建设厅历史文化保护与传承专家委员会副主任委员、住房和城乡建设部城市设计专家委员会委员、中国名城委员会城市设计学部委员等职务。同时，他还是福建省首批工程勘察设计大师。

福建省地处我国东南沿海。东越八闽，人杰地灵；山海川岛，文化绵衍。同样，福州市也有悠久的历史和灿烂的文化。"秦汉封疆古来盛，六朝八姓渡衣冠，江海相通河纵横，山绕古城城绕山，两塔三湖榕荫绿，名城变化历千年。"福州被称为"有福之城"，有极好之天时地利条件，1986 年还被国务院公布为历史文化名城。1989 年同济大学阮仪三教授的团队编制了福州历史文化名城的保护规划，并经 1991 年、1995 年、1999 年及 2014 年的不断完善。更重要的是，习近平同志自 1985 年起在福建工作，1990 年至 1996 年主政福州市，后主管福建省工作到 2002 年，在闽前后有十七年半之久，并陆续提出了"生态福建""数字福建"，调研总结"晋江经验"，推动闽台合作交流，为把福州建设成为现代化国际城市，以及保护好传统文化等方面提出了一系列创新理念，并指明了努力方向。

在这种天时地利人和的优越条件下，严龙华教授长期致力于历史文化名城保护与更新的理论研究与实践。早在 20 世纪 90 年代，他就主持了福州中国船政文化博物馆的设计项目。进入 21 世纪以后，严龙华教授更是主持和负责了大量当地重大项目的规划设计工作。本书通过四大板块，即福州市历史文化名城创新性保护实践、城市历史保护与文化景观再造、乡土文化景观助力乡村振兴、当代建筑地域性表达途径，加上他和他的团体精心创作的 31 个实例，紧紧围绕地域文化的特点，表达本书"在地生长"的主题，同时以此来体现作者在责任与担当、探索与创新、奉献与追求上的历程和开拓，表现了一个有社会责任感的建筑师在文化名城的保护和发展、在乡土文化振兴以及当代建筑的创新上的追求与努力。

习近平同志曾多次指示："要本着对历史负责、对人民负责的精神，传承城市历史文脉，下定决心，舍得投入，处理好历史文化和现实生活以及保护和利用的关系，该修则修、该用则用、该建则建，做到城市保护与有机更新相衔接。""在经济发展的时候应该加大保护名城、保护文物、保护古建筑的投入，而名城保护好了就能够加大城市的吸引力、凝聚力。"作者在福州市三坊七巷、朱紫坊等处的创新性保护实践，体现了"城市保护和有机更新相衔接"的理念。同时，作者又在实践中进行了有益的理论探索和思考，作者结合社会学、文化学、历史学、城市学、景观学、艺术学等相关学科的交叉和渗透，形成了"规划、建筑、园林、营造、场所"五位一体的设计和创作方法，从而将创作实践进一步提高到理论和学术层面。

严龙华教授的三坊七巷和朱紫坊的保护和再生是作品案例中极有代表性的部分。"三坊七巷－朱紫坊建筑群"是全国重点文保单位，基本保留了唐宋时的坊巷建筑格局，其中包括全国重点文保单位 9 处、省级文保单位 8 处，保存较好的明

清建筑有 150 多座，因而被称为"明清建筑博物馆""城市里坊制度的活化石"。

三坊七巷既是福州历史文化名城的重要标志，也是福州市保护规划中的传统街区。"谁知五柳孤松客，却住三坊七巷间。"清甲辰科举人林枫（苇庭）曾著有《榕城考古略》一书，我在清华大学读书时的老师兼班主任林贤光教授正是林枫的五世孙，他家中存有此书的抄本原稿。2001 年林贤光先生将手稿捐赠给福州市博物馆，2012 年他将此书的校勘稿重印，并于 2014 年签署赐赠予我。其书中第二卷即为坊巷篇，从中得以对三坊七巷的历史掌故有所了解，而且林贤光先生的高祖也曾在光禄坊居住过。20 世纪 90 年代，无序的商业开发曾引起规划界、建筑界、文物界及各方专家的严重关切，同济大学阮仪三教授等多位专家在《光明日报》曾专门发表文字大声疾呼。直到 2000 年，社会各界取得了共识，切实制止了对三坊七巷这一街区的大规模破坏。严龙华教授团队从 2006 年起（其中部分与华清安地公司合作）开始对三坊七巷进行保护再生设计。他们在认真研究后提出了整体、动态的可持续保护与再生理念，从居住功能、格局结构、细胞单元和管理制度等方面予以保护和再生，从肌理织补、生活植入、景观塑造等方面精心修复、步步深入，为福州历史文化名城的整体保护和有机更新作出了示范。

再说一个题外的话。三坊七巷中有诸多的名人故居，但许多名人都和我们相距甚远，我发现宫巷 11 号在 2005 年被定为省级文保单位，2013 年被定为国家级文保单位，这是建于乾隆年间的三进带东跨院的福州厝，其南面与严龙华教授所做更新设计的严复翰墨馆相邻。这是天津市建筑设计研究院刘景梁设计大师的曾祖父刘冠雄的住宅。刘冠雄（1861—1927），1886 年被清政府派往英国学习驾驶，并随清政府在

英订造的巡洋舰一起回国，任"靖远"号舰佐。1912 年袁世凯就任总统后，临时参议院选举刘冠雄为海军总长，后被授予海军上将军衔，成为民国第一位海军上将。1919 年卸任后寓居天津。

朱紫坊在福州历史名城规划中也被列入传统街区，其中有 12 处是省级文保单位。朱紫坊因宋代朱氏兄弟居之，四人均登仕，故以"朱紫盈门"名之。朱紫坊是河坊一体的长坊曲巷，其中有芙蓉别馆。"巷陋过颜，老去无心朱紫；园名自宋，秋来有意芙蓉。"今芙蓉园已活化为漆艺博物馆。朱紫坊旧名新河，内有二桥，故设计中特意保护"河坊曲巷"格局，努力展现"河街桥市"。朱紫坊中还有陈兆锵故居。陈兆锵曾于1943 年任国民政府海军司令部顾问，其故居也活化为近代海军名人展示馆。作者从 2013—2022 年在这里遵循"小规模、渐进式、微循环"的改造原则，下足了"绣花功夫"，使老街区重新焕发出生机活力。

三坊七巷工程获得了中国建筑学会建筑设计一等奖，联合国教科文组织亚太区文化遗产保护荣誉奖，全国优秀工程勘察设计行业奖（建筑工程设计）二等奖和福建省优秀工程勘察设计奖（建筑工程设计）一等奖。河坊曲巷－朱紫坊工程获得全国优秀工程勘察设计行业奖（传统建筑）一等奖、福建省优秀工程勘察设计奖（传统建筑设计）一等奖。

这里只从作者所做的众多案例中举出两个例子，用以说明作者率领设计团队在名城保护和更新上所作出的努力和取得的成就。实际上他们的获奖作品还很多，如"闽商博物馆"获全国优秀工程勘察设计行业奖（建筑工程设计）一等奖（以下省级奖略，均同）；"中轴线古城段风貌整饬"获全国优秀城市规划设计二等奖；"高盖山"和"中山社区有机更新"获全国优秀工程勘察设计行业奖（园林景观）三等奖；福州中平路特色历史文化街区获中国建筑学会建筑设计奖三等奖；"鼓岭宜夏"获全国优秀工程勘察设计行业奖（园林景观）一等奖；"福州闽安"获全国工程勘察设计行业奖（园林景观）一等奖、中国建筑学会建筑建筑设计奖（园林景观）二等奖；"福州市规划院创意设计产业楼"获全国优秀工程勘察设计行业奖（建筑工程设计）二等奖；"福州南街项目"获全国优秀工程勘察设计行业奖（建筑工程设计）三等奖；"闽江学院"获建设部优秀工程勘察设计三等奖等诸多奖项。

改革开放与经济建设的发展，以及对生态和智慧的关注，对高质量发展的重视等都为建筑师们提供了可以充分施展自己才华和智慧的平台。严龙华教授立足八闽建设，心系行业进步，在理论探索和设计创新方面都迈出了坚实的步伐。从诸多工程实例中可以看出他创作的热情和活力，尤其是他在地域特色、设计手法、空间处理和材料运用上所做的努力。此外，我更看重作者在创作的同时对于理论和方法论的探讨，这与一般建筑师的作品集不同，他们只是简单集中一些案例的图片和图纸。而本书作者在每一章节前都有长篇的论述和详尽的分析，看得出作者在这些方面做了比较深入的思考，而这二者之间又是互相促进、不断发展的。无论是作者提出的名城整体保护再生之"五位一体"的策略方法，还是名城整体保护再生之实践框架，即重"点"修格局，连"块"组片区，织"网"串社区，留"白"塑场所，理"轴"构整体，这些都体现了从局部到整体、从微观到宏观、由内及外的综合思考，其成果对于相关行业的进步将会起到推动和启发作用。

另外，本书中照片的质量都很好，无论是取景还是用光都非常考究，给人留下深刻印象。

最后，祝贺《在地生长——地域文化景观塑造》一书的出版，并希望严龙华教授在此基础上今后能够取得更大的成绩。

2023 年 3 月 28 日

前言

建筑创作意味着责任与担当。"人塑造环境，环境塑造人。"建筑师通过执业实践，在不断实现自我的社会价值与理想的同时，亦为城乡人民对美好生活的需求作出贡献。建筑设计不同于纯艺术创作，它不仅要体现美学意图，还要综合考虑使用功能、技术、经济以及地理气候、既有环境、社会文化等因素，进行创造性表达，"体现美学意图和创造更好的生活环境"[1]。同时，建筑还是地区的产物，是建成环境中的有机组成。因此，"建筑师必须将社会整体作为最高的业主，承担起义不容辞的社会责任。"[2]正因为建筑是地区的产物，我们在面向现代化、面向未来的同时，还要肩负起地方文化景观再创造的责任，以增进地方文化认同感。"现代建筑的地区化，乡土建筑的现代化，殊途同归，推动世界和地区的进步与丰富多彩。"[3]

建筑创作意味着探索与创新。30多年的建筑创作实践，伴随着国家改革开放的深化、对历史文化传承的重视、美丽乡村建设与乡村振兴战略的实施、城市完整社区的创建，使我有机会在一系列创新设计实践中，基于对当下人地关系的地域文化景观有机再生的思考，逐步形成了"规划、建筑、园林、营造、场所"五位一体的创作观：围绕城市有机更新的核心理念，把握"传承与创新"的辩证关系，将地域文化景观视为文化史层下连续演进发展的"活态"文化载体，综合城市规划、建筑学、风景园林学、历史地理学、社会学等相关学科的理论与方法，以多维度研究多元文化背景下的地域文化景观的差异性、独特性及其演变机制，从而在设计创作中展示历史景象，建构根植历史、关联当下又面向未来的地域文化景观。从历史保护促进城市文化景观个性再造到乡土文化景观助力乡村振兴，随着中国社会的不断发展和进步，我的创作实践在广度和深度上也不断地得到拓展，促使我去思考如何在新发展理念引领下实现城乡高质量发展，而地域文化景观的挖掘与再塑对营造当代高品质的城乡环境具有重要的作用。利用福州名城保护实践的成果，在不同的历史文化保护与城市更新实践中，以实施项目为契机，促进城市特色空间结构重塑；以比较研究为手段，揭示并突显地方独特性的文化景观；以整体保护为目标，持续创造一种独有的地方文化景观；以城市历史景观为方法论，再造强烈的地域景观场所认同——这些策略为众多的历史城市保护与更新提供了新的范式与路径。实施乡村振兴是当下建设美丽中国的重要战略，通过将村落保护与振兴纳入城市及地区发展，彰显村落整体独特性，强化其体验感知魅力。同时，发展乡村建筑学，坚持木土营造，以画入村、以诗入境，与当地村民共同缔造本土文化景观，营造乡村新的生活方式，擘画乡村面貌的新篇章。

建筑创作还意味着奉献与追求。我们从事建筑创作，沉浸并陶醉于设计图纸上充满生命律动的线条，那是交织着智与识的希翼。当我们对生活有着深切体验、对所从事的专业充满热忱、对业主方满怀高度的责任心时，我们设计的项目，哪怕再微不足道，都不会失去乐趣。一座卫生间怎么布置得当，一条小径怎么随形就势，一个小品如何独出心裁，都会令我们推敲再三，甚至一个节点做法得到巧妙解决都会兴奋不已。如果每个项目，我们都能以使用者的心理游其间、感受其中，当"生命、美、公平"作为我们从业的目的，当我们将天、地、人同源同构作为项目作品的追求目标，我们将一次次地为我们的城市与乡村、为宜居环境不断奉献而感到欣慰与自豪，我想这就是建筑师的理想与目标。

肩负责任与担当，坚持探索与创新，努力奉献与追求。寓乐于工作，寓乐于学习，寓乐于身体力行。读万卷书，行万里路，创万件精品，不亦乐乎？

参考文献

[1] 阿尔多·罗西. 城市建筑学 [M]. 黄士钧，译；刘先觉，校. 北京：中国建筑工业出版社，2006：23.

[2] 联合国教科文组织世界遗产中心，中国国家文物局，等. 国际文化遗产保护文件选编 [M]. 北京：文物出版社，2007：194.

[3] 联合国教科文组织世界遗产中心，中国国家文物局，等. 国际文化遗产保护文件选编 [M]. 北京：文物出版社，2007：193.

目录

第一篇

福州历史文化名城创新性保护实践探索

（一）设计理念探析

1.1 福州名城整体保护实践回顾

任何一座城市都是从历史中走来，历经数百年甚至上千年的发展与累积，让城市成为人类文明的史书与人类文化的卷档。由于不同历史时期文化层的叠加与不同时代人们的创造，形成了各具特色的城市结构与文化景观性格，福州亦然。

福州地区的人类活动始于 7000 年前的壳丘头人、5000 年前的昙石山人。昙石山文化时代的先民们濒海而居，留下了灿烂的史前文化，富有探知海洋精神的昙石山人成为南岛语族的传播者之一。战国末期无诸建闽越国于福州海湾半岛（今新店古城至冶山）。据考古揭示，闽越国冶城遗址范围大约为屏山南麓至冶山北麓之间，遗址大部分还埋藏于地下，而新店古城遗址亦依稀可辨，它们都为后人留下了足够的探古寻根空间。西晋太康三年（282 年），福州首任郡守严高选址冶山之南筑子城（此时冶山之南由于海积冲积已拓出陆地），避开了冶城，既保护了闽越国都，又为城市未来发展预留了空间。严高筑子城奠定了福州城市的基本格局，以越王山（屏山）为屏，城南于山、乌山为阙，形成三山一轴的城市空间格局。至唐末五代十国，闽王王审知两次拓城（唐罗城、梁夹城），并建于山白塔、乌山乌塔，形成了绝妙的人工与自然相结合的城市空间景观结构。明初，驸马都尉王恭以石筑城，北跨越王山于山巅建样楼，后称屏山镇海楼[1]，又进一步完善了城市景观格局。清代福州古城区范围及格局基本未变，街巷体系不断完善、城市肌理日臻细密、风貌特色更加突显，建筑与地景紧密结合而形成独特的由"三山两塔一楼一轴"空间景观结构（图 1-1）、成片律动起伏的民居群所构成的城市整体肌理特征，加之水陆交织的街巷与水系网络，使福州古城成为中国古

代地方城市的典范。如今，我们漫步在乌山、于山、三坊七巷与朱紫坊"两山两塔两街区"之中，仍可依稀感受到这千百年传承演绎而来的城市建设之艺术魅力。

明代南台地区（闽江北岸）由于水退城进、港市兴起造就了上下杭及河口（南公园）地区的繁荣，清代的府城还围在明府城城墙内，而南台地区则进一步发展，尤其上下杭地区成为

福州商埠及金融中心，由此亦构筑出城市另一翼，形成福州城市"城"与"市"分离的独特形态格局——"哑铃状"的"一轴串两厢"的城市结构形态。1842 年后，福州成为五口通商口岸，城南仓前山地区（闽江南岸）成为对外港口与外国人聚集地，民国时期的发展更促使仓前山成为高教育与高收入人群的居住地。而 1866 年，左宗棠、沈葆桢在城东南近海处的马

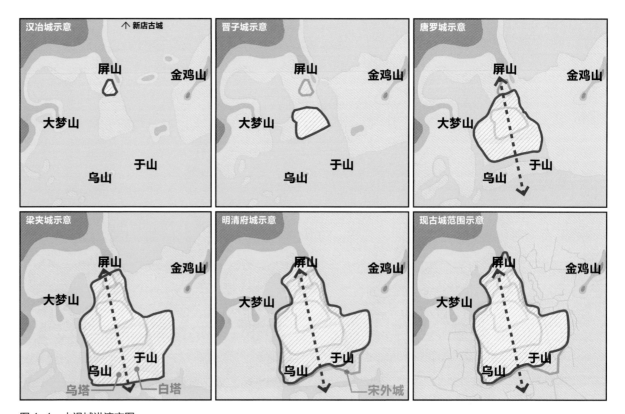

图 1-1 水退城进演变图

尾创办的福建船政，集军政、工业、教育、社会系统于一体，又构成了福州的另一特征功能组团。由此，近代福州依据社会、经济与城市发展需求，城市空间结构发生了革命性的变化，形成"一城三组团"的结构形态。每个组团的城市功能特征鲜明且形态完整，又互为关联，组团间是广阔的农业地区、自然山林、水体。福州这种城市结构模式，也是西方国家工业革命后各城市追求的理想模式。无论是20世纪初以来规划理论层面的探索，如 E. 霍华德的明日城市、E. 沙里宁的有机疏散理论以及 R. 瑞杰斯特的生态城市伯克利，还是西方国家"二战"后的新城建设实践，都强调了多中心多组团有机疏散的发展模式。

改革开放40多年，我国城市发生了巨大的变化，城市建设也取得了辉煌的成就。值得反思的是，1925年建筑大师勒·柯布西耶曾给巴黎老城区做过一个没能实施的旧城改造方案，却在我国30多年来的旧城改造中不断得到实践，"主要城市今日已城市拆改逾半，芜杂可哂"[2]，各座历史文化名城产生不同程度的不完整格局与突兀尺度，文化遗产渐呈碎片化，福州亦未能幸免。

20世纪80年代以前的福州城市仍保持着一城多组团的结构。但由于中国改革开放后，城市管理没有适时、有效地引导城市有秩序地发展，城市迅速地以老城为中心向四周无限蔓延，大量的水塘、河道被填埋，自然绿地、田野被侵占，历史建筑甚至文物建筑被拆除，古城肌理、街区尺度及空间氛围发生了巨大变化，古城的整体格局、风貌受到破坏，人工与自然和谐的特色环境受到严重干扰。

2005年底，受时任福州市人民政府副市长朱华女士之邀，我主持了屏山镇海楼的重建设计。作为一名建筑师，本人

开启了持续近20年的福州历史文化名城整体保护与可持续发展的设计实践之路。

重建设计伊始，我就把镇海楼与福州名城整体格局进行关联，试图通过屏山镇海楼重建来再现福州古城的东方传统美学风采，重构福州名城独特的"三山两塔一楼一轴"的格局完整性。镇海楼重建工程于2008年4月竣工，其雄踞于福州古城

中轴线端点的屏山之巅，是广大市民、游客俯瞰福州城的重要登高眺望点，更成为福州市民的城市心理地标（图1-2）。

在设计、建造镇海楼的过程中，我有幸结识了时任福州市人民政府市长郑松岩先生，并得到他的肯定。此时正值三坊七巷历史文化街区保护与再生具体设计工作陆续开展，郑松岩市长很信任地把整个设计工作交给福州市规划设计研究院团队，

图1-2 城市心理地标——镇海楼

并由我负责起整个历史文化街区保护与再生设计工作。再生设计从澳门路林则徐纪念馆扩建工程、南后街保护与修复工程（此二项工程均与清华大学张杰教授设计团队合作）开始，持续进行"一带（安泰河休闲带）、三坊与七巷"保护修复以及159处文物建筑、历史建筑的保护与修复设计工作，时至今日光禄吟台西侧、雅道巷至文儒坊、雅道巷西北侧三个较大地块的更新修复设计工作仍在进行中。

在南后街保护修复设计中，特别感谢曾意丹老先生的帮助与指导。在设计安泰河休闲带过程中，特别感动于郑松岩市长、卫国先生（时任三坊七巷管委会主任）的理解与支持。安泰河地段在三坊七巷保护规划中原作为绿化为功能主体的休闲带，我则基于修复光禄坊历史格局完整性的思考，以及期望通过已修复的澳门路西街将三坊七巷与乌山历史文化风貌区连接起来的思路，提出将部分绿地改为河坊街的功能，设计方案得到他们高度肯定，进而通过权威部门的专业论证，并最终得以实施。今天，安泰河河坊街已成为三坊七巷街区的重要组成与极具活力的城市生活场所（图1-3）。

通过安泰河河坊街、澳门路西街区以及乌山东麓隆普营与天皇岭街区整治修复，我们逐步形成将乌山、于山与三坊七巷、朱紫坊两个历史文化街区重新连成片区的思路（图1-4）。2011年，时任国家文物局局长单霁翔先生来到福州，明确提出"两山两塔两街区"特色风貌区的概念。为此，在福州市委、市人民政府主要领导指示下，我们开展了一系列整合、连接的规划与具体实施设计工作。

2012年起，我又主持了朱紫坊历史文化街区的保护与修复设计。在设计与实施过程中，除了关注与三坊七巷街区的关联性与同一性外，我们还特别强调朱紫坊街区自身的独特性与差异性的保持，强化其街区独特格局——自然灵动的河坊曲巷、宅园一体的生活方式以及生动变化的河岸空间。设计遵循"小规模、渐进式、微循环"的原则，对历史建筑进行创新性活化和可持续性再生，最大可能保留其格局与风貌的完整性；各类小尺度的院落建筑活化利用为多样化、富于情趣性的新业态，创新表达了历史保护与活化利用的新方式，赓续了街区的园居生活方式。

更为重要的是，我们抓住了于山历史文化风貌区北坡整治的良好机会，重建了于山与朱紫坊的历史联系：通过观巷历史地段的更新修复，以历史尺度与肌理将街区与于山历史自然连接起来，拆除了观巷教堂前的低劣建筑并设置了绿岛，将于山山脉向街区延伸，使二者有机融合。同时，新辟一条从朱紫坊东北角穿越格致中学，向南伸入于山北麓的架空绿色廊道，直向于山太平街，强化了街区与历史自然的连接，让自然重新走入城市。通过一系列的保护实施与创新设计，"两山两塔两街区"特色风貌区已基本形成（图1-5）。

位于城市传统中轴线南端的闽江两岸滨江历史城区也是福州历史文化名城的重要组成部分。2012年福州市委、市政府同时启动上下杭历史文化街区与烟台山历史文化风貌区的保护规划及保护整治实施行动。我们在设计之初就以城市设计为导向，通过功能整合、视线关联、风貌统合、空间串接、水陆游线连接等方式，力图将闽江北岸之大庙山、上下杭历史文化街区、苍霞及台江汛历史建筑群与闽江中的中洲岛、江心岛和南岸烟台山历史文化风貌区整合为"两山两岛两街区"之福州近现代风貌特区。

如果说朱紫坊历史文化街区与三坊七巷历史文化街区是一

图1-3 安泰河河坊街

图1-4 天皇岭南麓

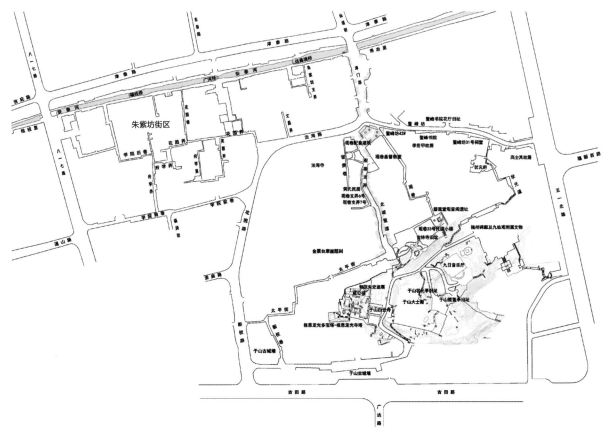

图1-5 强化朱紫坊街区与于山历史自然的连接

个有机整体，其建筑类型、形制有内在的同一性，那么上下杭历史文化街区无论从街区格局形态、建筑形制，还是从非物质文化方面而言，都具有独特鲜明的个性。设计工作从街区保护规划解读、历史文献查阅、现场逐条街巷与逐幢建筑调研测绘入手，逐步建立起上下杭历史街区特色价值体系，归整出街区形态学与类型学档案。设计首先将上下杭历史文化街区纳入福州名城整体格局，重塑名城"一轴串两厢"的特色格局，将上杭、下杭街重新与中亭街（城市历史中轴线）相连接，将三捷河进行意向性延伸并与达道河相关联，修复了三通桥的历史意象。同时，修复大庙山、龙岭顶、彩气山山脉整体连贯性，补植大量乔灌木，以期再现山顶原有林木扶疏的历史自然景观。

在一期先行启动的隆平路、上杭街东段保护与修缮中，我们特别强调街区建筑风格独特性与多元建筑文化的保持，关注反映不同时期特征历史信息的保护，使修缮整治后的每条街巷均能形成连续的历史文化层，充分呈现时间年轮的信息特征。在街区南部核心区的三捷河地段修复与整治过程中，我们结合地段固有特征，再造了其整体场景的独特气质，强化了其与三坊七巷安泰河的文化景观差异性。

设计结合内河治理，清除沿河两岸低质无历史价值的各类搭盖、构筑物，拆除高大不协调当代建筑，梳理并营造景象变化丰富又具特征序列感知意象的城市河岸活力空间。对沿岸新植入建筑，设计则强调小尺度、小体量建筑集合的历史街区传统氛围营造，以不同形式呼应不同地段特质：历史建筑存续成片的地区，新建筑采用简雅的当代建筑，让历史建筑更具鲜明的历史特征。而在更新建筑较多的地段，新建筑则采用街区最具特征的建筑类型要素（如青、红砖混搭）进行演绎与创新表达，以呈现街区应有的历时感；于沿河两岸的景观设计，我们

1.2.3 类型学演绎

每一座古城、每条古街区都是由独特而普遍存在的特定类型建筑集合而成。诚如阿尔多·罗西所指出："特定的类型与某种形式和生活方式相联系，尽管其具体形状在各个社会中极不相同。"[15]因此，类型是根源于特定社群，是理解场所精神的要素，不同类型的建筑构成了不同肌理形态的街区，即"当相似类型以一系列相似的规则联合起来时，它们形成有特征的肌理结构"[16]。同时，亦造就了城市及其街区文化景观的差异性。我们将类型学及其互为关系的形态学引入城市历史保护领域，作为一种城市研究与设计方法，而对不同城市、同一城市中不同时期形成的历史地段建筑类型及其形态特征进行梳理辨识、分层分类归纳研究，为城市历史特征保护提供全要素框架。以类型学为理论基础，建构起历史城区及其地段全尺度的类型与形态族谱，为城市更新进程中的传承创新设计提供了根源性的类比参照，并以设计强化场所认同，再塑城市文化景观性格。

福州城市有着2200多年的发展历史，特别是从古代至近现代，其遗存有丰富的建筑遗产。沿城市历史发展轴分布的主要历史地段有古城内的三坊七巷与朱紫坊历史文化街区、滨江近现代历史城区的上下杭历史文化街区、苍霞历史地段与老仓山历史文化风貌区以及与城市发展脉络相关联的河口历史街区、鼓岭国际避暑社区等24处，其主要特征建筑类型有5种。我们通过对不同历史时期、不同历史地段的主要建筑类型加以梳理，将其还原至特定街区，研究不同街区各具个性的组织秩序及其所构成的街区肌理形态特征，包括街巷格局、地块与建筑布局、实体与空间构成及屋顶肌理等，进而将福州历史文化名城主要历史地段归纳为5种类型形态与文化景观"特征区域"：

以传统院落式大厝为主导建筑类型的三坊七巷、朱紫坊历史文化街区称为第一种类型；

以"洋脸壳"立面、二层为主的院落式大厝与联排式洋脸壳厝为主导建筑类型的上下杭历史文化街区和苍霞历史地段称为第二种类型；

以联排式二层木构柴栏厝与三间排为主导建筑类型的南公河口历史街区，称为第三种类型；

以民国时期红砖厝为主导建筑类型的老仓山马厂街、公园路、积兴里等历史地段，称为第四种类型；

以外廊式石木结构建筑为主导建筑类型的鼓岭国际度假社区，称为第五种类型。

"城市因其不同的部分而形成特征，从形式和历史的观点来看，这些部分组成了复杂的城市建筑体。"[17]所以，我们要在认知感悟与比较研究中去寻找并发现不同历史地段的特征类型及其组织结构，以各具特性的类型增强不同地段的历史特征，强化其差异性与可识别性，显现其不同时期文化景观鲜明的时代性，从而重塑其城市建筑文化史层的连续性和城市集合体的文化多样性。

我们强调特定地区的形态特征与其建筑类型的密切关联。在城市历史地段的更新中，新的、变异类型要从该历史地段既有类型中创新性演绎而来，不能毫无根据地引入完全异化或异域的建筑类型而破坏历史地段的整体形态与风貌，并模糊其特有的个性特质；任何创新要以保护并传承其唯一性为根本。正是由于城市形态与建筑类型互为表里、相互限定的关系，故而在城市历史地段的更新中，新建筑类型的选择必须慎之又慎。

类型是从现有存续的大量性建筑中筛选、发现、提炼、抽象概括出来的，因其抽象而中性，故而区别于大量具体的建筑。因此，类型"既是历史，也是方法"[18]；它不是用来复制与模仿，它与历史、记忆关联，但又不同于原型；作为设计构成元素，既需传承，更要革新，并针对不同地段环境特征进行类型学不同抽象度的表达与类比再创作。"历史必须是可以解读的"[19]，通过将妥帖的高质量的新建筑、新语汇参与到特征历史地区，与历史建筑集合为一体，再造既充盈地域文化韵味、又具时代性的活力空间场所是历史地区保护与再生的根本目标。

1.3 福州名城整体保护再生之实践框架

为了秉承整体保护与有机更新理念，我们在长期的实践基础上建构起基于"实践－理论－实践"的福州名城全要素保护与再生实践框架：即重"点"修"格局"，连"块"组"片区"，织"网"串"社区"，"留白"塑"场所"，理"轴"构"整体"。从宏观至微观尺度层级，我们均强调在发展中保护、传承其城市文化景观，强化城市文化的认同与身份特征。同时，致力于经济、社会与物质环境对变化中的历史城区做出前瞻性的保护与发展规划，探索"更整体的保护、更积极的利用、更有效的管控"的实践路径。

1.3.1 重"点"修"格局"

格局是历史文化名城的核心价值体现，是城市的骨架与整体构图。我们紧抓名城格局中重要的地标节点以及历史演变中的脉络痕迹，包括城址历史环境、历代城垣轮廓、空间结构、街巷肌理、历史轴线、历史线路等，通过揭示保护、整饬与连接等技术手段，保护活化文物古迹、整饬历史地段风貌，以整体呈现名城格局与空间结构的完整性。

福州古城是典型的山水城市，其契合自然山水形胜的选址以及天人合一、宛自天成、遵章巧法的布局，是古代堪舆理论应用的经典范例，也是中国传统城市所追求的理想格局（图1-16）。其独特的"三山两塔一楼一轴"空间格局，被吴良镛先生称为"绝妙的城市设计创造"和"东方城市设计佳例之一"[20]。福州名城整体保护始于其独特格局的修复与重塑。2005年，我们着手古城格局结构中的重要标志物——屏山镇海楼的重建设计，并同时开展了一系列"显山露塔"的环境整治与城市有机更新工作，厘清了乌塔东广场与于山白塔的联系路径，重构了乌山乌塔与于山白塔的历史关联，这在一定意义上确保了"三山两塔一楼一轴"的历史空间结构完整性。

随之开展的历史水系（历史城壕古城西侧白马河、东侧观风亭河与晋安河东西走向、贯穿三坊七巷与朱紫坊两个历史街区之唐罗城南城壕安泰河与南门外宋外城南城壕东西河等）保护与整治，以及将历代城址（西汉冶城遗址、明代城壕遗址等）的考古发掘进行创新性的保护展示，清晰地把历代城垣范

围和历史城壕脉络展现出来。而古城内的三山（屏山、于山、乌山）和东西两护山（金牛山与大梦山），以及始建于西晋的西湖公园等的保护与整治，则进一步将古城格局与历史自然环境紧密关联。同时，通过城市历史发展轴（鼓屏路、八一七路）保护整饰，串联起城南之滨江历史城区，恢复了"一轴串两厢"的独特历史结构意象。

在历史城区整体保护与有机更新设计的同时，我们还承担了闽江两岸历史地段——闽安古镇、马尾船政官街、水西林古村落、侯官村等的保护再生设计。通过一个个项目的积累与拓展，将其与城市经济、社会、港口商贸以及海防体系等历史线索相关联，这不仅厘清了城市格局结构，亦明晰了福州城市的历史"地域空间格局"[21]，构建起福州城市地域遗产空间结构的保护体系，树立起以城市历史发展轴连接城市各遗产片区、以闽江海丝发展轴为纽带串联其沿岸不同尺度的历史地段、古驿道、古渡口、古窑址及海防设施，从而构筑福州历史文化名城之市域遗产空间格局的整体保护骨架。通过城市设计再创造以及具体历史地段的保护再生设计，将其融入当代城乡日常生活空间，以强化城市文化景观性格，并重塑城市文化个性。

1.3.2 连"块"组"片区"

"块"指的是不同尺度的历史地段，包括历史文化街区、历史文化风貌区、历史建筑群。"片区"指的是将"孤岛"状存续的历史地段，通过城市连接、类型学演绎等方法将街区与街区、街区与其相关联历史地区进行整合，重构紧密关联并具规模意义的历史特征片区。

如前文所述，在做好福州古城遗产核心区三坊七巷、朱紫坊两个历史文化街区以及乌山、于山两片历史文化风貌区保护

整治的同时，我们通过历史空间结构关联性的再连接，将夹杂其间的不同尺度规模的老旧社区进行城市微更新，以类型学演绎方法重塑其整体格局、肌理与风貌的有机和谐，从而构筑占地约1km²的"两山两塔两街区"传统风貌遗产特区。于福州城南近现代滨江历史城区的上下杭历史文化街区与老仓山历史文化风貌区的整合中，我们也以同样的思路与方法重构起两山（大庙山、仓前山）、两岛（中洲岛、江心岛）、两街区（上下杭、老仓山）占地面积约2km²的"两山两岛两街区"近现代风貌遗产特区，进一步凸显了古城区与近现代城之历史风貌的差异性。

而在福州古城北部，结合冶山历史文化风貌区的保护与整治，我们将之与历史相关联的福州西湖、屏山的两个历史文化风貌区整合为"城市溯源风貌遗产特区"。冶山西汉冶城遗址为福州城市的发源地，以地铁一号线屏山站设计为切入点，我们开始了公园整体结构的梳理。设计将地铁站出入口站棚与通风竖井、冷却塔两个独立的构筑物整合为公园标识性的西大门。大门设计以汉阙为参考进行类比演绎，并融入地铁站考古发掘出来的汉冶城宫殿瓦当等纹样，以强化地段的历史特征。由公园西大门引出一条东西向的轴线，使之与公园东端历史古迹——欧冶池及池中的石舫、剑光亭等联系起来。同时，于公园北冶山路东端正对剑光亭设置北入口空间，设计以横卧的巨石（11.6m×3m×0.9m）为照壁，以1.8m×0.9m×0.9m的长条石垒砌侧墙，限定出半围合的公园北入口广场。一方面构筑其具仪式感的入口空间；另一方面则希冀以此表达欧冶池、冶山所构建的名胜区（御花园）完整体现了埋藏于地下的西汉闽越国宫殿遗址关联性的历史信息。北入口空间、照壁及其南之欧冶池、冶山又构筑了一条极具空间序列感的南北向轴

图1-16　最佳城址选择——福州堪舆图
（据王其亨主编《风水理论研究》改绘）

线。设计通过池南的北宋欧冶亭重建以及冶山北麓山脉的修复，增强其山水之间的历史紧密联系。东西、南北两条轴线相交织，建立起公园之独特设计结构，并以此将自春秋至当代的一切有价值的遗存整合为可连续感知的有机整体，呈现于游客及市民面前。

在欧冶池东南侧，我们将两座保留的二层红砖楼以新建连接体整合为一体，作为西汉冶城博物馆。新建筑采用漂浮式的双坡屋顶，于入口处设置类似汉代石柱廊，柱廊两侧以石砌矮墙将两幢红砖楼连缀起来，在和而不同中呈现出冶城博物馆应有的气质。冶城博物馆前设节点广场与公园西入口引入的主园路连接，广场东北侧陈置镌有丰富历史信息的巨石阵。设计还于主园路南侧高出基地约 8m 的挡土墙前设置以反映闽越王无诸开疆拓土、发展闽中经济伟绩的连续石雕景墙，将西入口大门与冶城博物馆相连缀，塑造了具有特征意涵的序列体验感知空间。而在地铁站北端临城市中轴线与冶山路交叉口处，我们刻意留出一处开敞空间，竖立闽越王铜像，既作为冶城遗址公园标志，又体现了今人对闽越王无诸之敬仰，将历史人物与空间场所紧密的关联起来，强化了遗址公园的场景特性。雕像东侧利用原住宅区内的篮球场开辟为活态考古区，让考古学走向大众，实现如考古学者苏秉琦先生所倡导的"考古是人民的事业"[22] 的目标。此外，我们还将遗址保护与老旧社区有机更新相结合，使文化遗产走入社区的日常生活。设计通过"减法"以完善交通体系、织补传统街巷网，建构层级清晰的社区公共空间体系，并与遗址公园有机连缀起来（图 1-17）。

设计依据历史结构，以冶城遗址公园为核心，结合历史空间整饬、体验路径连接，将"城市溯源区"重新连接为有机整体：通过整治、连缀历史街巷冶山路、钱塘巷与北后弄以及其

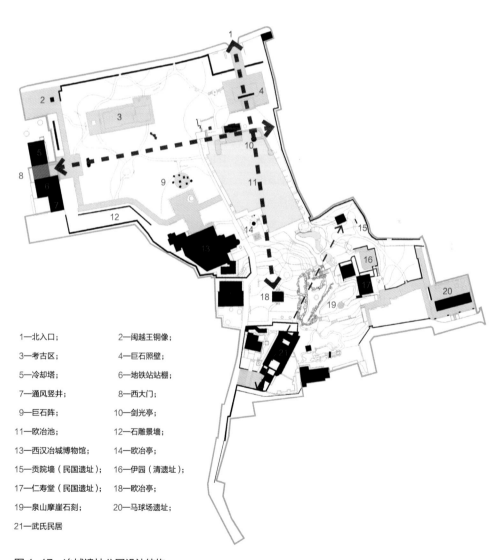

1—北入口；　　　　　　2—闽越王铜像；

3—考古区；　　　　　　4—巨石照壁；

5—冷却塔；　　　　　　6—地铁站站棚；

7—通风竖井；　　　　　8—西大门；

9—巨石阵；　　　　　　10—剑光亭；

11—欧冶池；　　　　　　12—石雕景墙；

13—西汉冶城博物馆；　　14—欧冶亭；

15—贡院墙（民国遗址）；　16—伊园（清遗址）；

17—仁寿堂（民国遗址）；　18—欧冶亭；

19—泉山摩崖石刻；　　　20—马球场遗址；

21—武氏民居

图 1-17　冶城遗址公园设计结构

南侧的湖东路、北侧的华林路，让冶城遗址公园与西湖风貌区连接起来；整治提升东侧历史城壕观风亭河、观风亭路和城市中轴线（鼓屏路）的环境品质，构筑连续丰富的体验路径，将屏山公园与镇海楼、冶城遗址公园、西湖风景区重新连接为紧密的有机体。

1.3.3 织"网"串"社区"

如前文所述，设计将历史城区传统老街巷作为福州名城重要的文化遗产，通过创新性编制传统老街巷保护整治导则及持续性保护修复，并以线性空间的织补，重构名城整体格局与肌理形态的完整性；将传统街巷保护整治与城市有机更新、社区营造相结合，以不同的城市更新手段，完善社区服务配套；挖掘历史文化内涵，以社区营造的方法强化人地关系，重构名城人文脉络体系，再造有持续活力的人居环境。

于山北麓鳌峰坊老旧社区有机微更新中，我们不仅关注其与于山历史文化风貌区、朱紫坊历史文化街区有机整体的空间结构再造，而且注重其丰富细密街巷网的织补与连接，特别是在保护相关文化重要性空间场所的同时，结合有机更新，梳理出具有层级性的公共空间，以有效提升老旧社区的宜居品质。鳌峰坊最具特色的是书院与教育文化。南宋时，里人将朱熹弟子、同时亦是其女婿的黄榦旧宅辟为勉斋精舍，元至正年间建为书院。清康熙四十六年（1707 年），福建巡抚张伯行于坊北创立鳌峰书院，培养了大批福建乃至中国近代史上的著名人物，如林则徐、梁章钜、陈化成等，这也是"清代福建最早、最大而名最著之书院"[23]。清同治三年（1864 年），由美国传教士创办于南台保福山的格致书院（今格致中学）迁于山北麓鳌峰坊内。科举制度废除后，鳌峰书院为福建法政学院

所用。民国时期，于格致书院东侧开办闽省华侨公学、福州三民中学。1952 年，由帝师陈宝琛首任监督、创办于清光绪二十九年（1903 年）的全闽师范学堂（后改为福建师范学堂、福州师范学校）迁入华侨公学、三民中学校址，冰心、庐隐、胡也频、邓拓、林默涵等都曾在此学习[24]。时至今日，鳌峰坊仍是福州名校最为聚集的一条坊。

鳌峰坊的有机更新，一方面，注重各老旧住宅组团的宜居环境品质提升，补足配套设施短板；另一方面，从历史文献中查找信息，将现状街巷网与民国时期地图叠加，重新梳理出鳌峰坊及于山北麓传统街巷的脉络，重构其"一坊六巷"的空间格局。六街巷（里）包括：观巷、观巷支弄、宦贵巷、太平街、状元道与书院里，通过"一坊六巷"的修复，有机串联起各组团与校园。鳌峰坊的特色再造突出其以书院、教育为主题的街区文化内涵，并塑造为充满教育文化氛围与书香气息、兼具生活性与文旅性的特色文化街区（图 1-18）。

鳌峰坊主街空间的意象设计，为强化其"坊"之意象，通过东入口类似贡院式牌坊的重建，并于坊额上设置"为国求贤"牌匾，以彰显其书院文化特质。在沿街界面特征塑造方面，我们汲取其沿线存续的十余栋一至二层明清及民国时期的传统建筑特征，以类型学演绎方法对多层当代住宅及教育建筑进行立面改造。不强求整体风格的统一性，而更关注近人尺度的 6m 线（裙房部分）历史特征的连续性再造，以传统马鞍墙、如意卷式院墙、门面房、走马廊等形式类型与木质、青砖、粉墙、石材等传统材料予以演绎表达。同时，我们强调对大体量建筑进行立面精细尺度的划分，采用传统地方材料或与金属等新材料相组合的方式，将传统工匠的手工精细感与现代材料的精致性融为一体，并演绎为一种新的主题元素，以细节母题加以重

复，把传统与时代两种设计语汇巧妙地编织为一个连续的街道美学构图，使得"所有历史片段都将被串联起来成为一个容易理解的整体"[25]。而对于上部建筑体，设计则以明快、雅致的风格反映其功能，并与街道整体氛围取得气质上的同一性。

此外，我们还采用公共艺术手段揭示与呈现各历史建筑与遗迹点之关联历史文化内涵。如高士其故居前的"高士其与少先队在一起"以及反映高士其生平事迹的雕塑与浮雕；鳌峰书院旧址（现福州教育学院附属第二小学）反映其既往辉煌的浮雕与科举文化长廊以及依据老照片重建的福建师范学堂旧址的红砖校门等。

对于观巷的巷道空间梳理，我们既强调其历史特征保持，又注重其山地街区的序列体验意象的塑造：重置巷口坊门，强化进入感意象；在南端西折处，将保留的一口古井塑造为邻里特色空间节点。巷路依山形地势蜿蜒爬升穿越，在于麓山馆、古莲寺处与太平街间，形成了一处开阔的林荫广场，同时连接起新辟的于山北坡通道，塑造出体验感知的空间高潮，并因势利导营构出一处"白塔"的绝妙观赏点（图 1-19）。观巷全长约 375m，巷宽 1.5～4.6m，巷宽与巷墙宽高比为 0.4～1.2 不等，并以传统粉墙（其间缀以竹节窗修复其巷墙界面）与各具特征的存续建筑共构了高低错落而有致的界面轮廓；加之巷道依山势逶迤而形成戏剧性的开合变化，整体塑造了极具体验意趣的山地园林空间。

于坊南高士其故居西侧，设计利用其古登山道，梳理出一条南可通于山鳌顶峰（状元峰）的登山道，美其名曰"状元道"。登山道依山而上，逶迤穿梭，串联起山麓之宋代状元陈诚之（1093—1170 年）与明代状元陈谨（1521—1566 年）之故居旧址、太平街东端新辟的山地园（黄榦故居旧址）以及

图 1-18　鳌峰坊更新前后

图 1-19　绝妙观赏点

于山山巅之状元峰（陈诚之读书处）。状元道将历史记忆、历史意象与社区生活融为一体，是一条富有文化教育意义的文旅之道。

通过传统老街巷的保护与历史特征的呈现，修缮后的历史建筑或转换为社区文化生活场所或植入活力新业态，以提升老旧社区整体品质，重建社区与于山风貌区、朱紫坊街区的空间联系，让自然与历史重新融入市民的日常生活，并强化社群的文化认同感与自豪感。

1.3.4　留"白"塑"场所"

我国各历史城区多是各类城市功能与建筑高度集中的区域，加之历史缘由，一定程度上造成了城市公共空间的匮乏。我们倡导通过城市有机更新，以"减法"手段进行老城区空间的"自我重构"，这既弥补了历史城区公共空间的短板，同时也成为"提高城市的文化承载力以及回应功能和美学要求的城市元素。"[26] 诚如意大利历史城镇保护学者古斯塔沃·乔凡诺尼（Gustavo Giovannoni）所倡导的"淡化城市肌理"[27] 的历史地区现代化理论所言："为了现代城市需求，拆除一些不重要的建筑为必需的配套设施腾出空间，或作为"留白"（亦即"减法"）处理。"我们不仅将此理论方法应用于历史文化街区的再生，而且广泛应用于历史城区多层级尺度的公共空间体系建构。

在历史街区方面，如前文所述的福州上下杭历史文化街区龙岭顶地段，设计通过"留白"（淡化肌理），既展现了历史独特意象，又为建筑密集的街区塑造了开敞的自然空间。在朱紫坊历史街区再生中，我们清除了数幢散乱分布的无利用价值的现代建筑进行肌理"淡化"，结合现场发掘出的东西宽8m、南北长约9m的园池及一座南北走向的石桥，于池东新置水榭，沿安泰河畔留出开敞空间，与跨安泰河之古桥（广河桥）连接、北通津泰路，既作为街区中部的消防回车场，又塑造出具地域场所特性的街区主入口空间。同时，亦意向性修复了原芙蓉园东园的历史情境。

在三坊七巷中轴线南后街的修复再生中，我们既注重街道空间连续性的保持，又强调街道空间体验感的丰富性表达：拆除了沿街多处历史特征建筑及文保单位前的浅进深且无价值的店铺进行"留白"，于带状街道空间中形成了多处大小不一、形态多样的意趣体验节点，如卡米诺·西特所称的凹入状"舞台式"[28]空间。而重新展露于街道的历史建筑、文物建筑之优雅且富张力的"几"字形马鞍墙或似马首昂扬的牌堵门头房等，又赋予街道空间以强烈的场所特性。此外，设计还于各节点处置入传统扎灯笼、刻书、裱褙等情景雕塑，以展现其过往曾作为书肆、灯市的历史意蕴，正所谓："正阳门外琉璃厂，衣锦坊前南后街。客里偷闲书市去，见多未见足开怀。"[29]

城市公共空间营造已成为历史性城市保护与宜居环境建设的主题。在持续近20年的福州名城历史保护和有机更新中，我们既注重其整体真实而完整的保护，又积极建构富有层级的历史城区公共空间体系：通过搬迁位于福州西湖西侧大梦山的动物园并取消市政路，将大梦山重新融入福州西湖风景区；将其西北、为洪山镇所属的左海公园以水体、路径、流线与功能一体化的整合方式，形成了总占地约1000亩的城市历史山水

园；整理屏山、于山、乌山及冶山相关建筑与构筑物，还山于民，保护活化历史遗存、修复山林植被、完善路径与配套设施，并与城市社区有机连接，塑造成为城市级历史自然公园。与此同时，我们还通过历史街巷网、历史水系保护整治与老旧社区有机更新相结合的方式，以"留白"塑"场所"的方法，营造了内涵丰富、场所特征鲜明的街道、社区、邻里等层级的公共空间。如福州五一路西侧大根社区的公共空间再造，设计有意识地结合大根路沿线空间开合变化的特性，梳理出多处大小不一的邻里交往空间；于路南端与东西走向的城守前路交汇处，利用原有一片绿地，植入此地段原为清兵驻营地的历史信息，结合传统戏台设置，营构了极富地段文化个性的社区公共活动空间，也由此建立起大根社区层级丰富的公共空间体系（图1-20）。

对于福州西湖公园南侧的西湖社区有机微更新，设计通过社区交通梳理，将其东西走向的后曹巷、南北走向的西峰里巷所构成的"T"形社区主干巷路转化为社区核心活动空间，如前文所论及，以类型学方法重塑其近人尺度的界面特征，再造了坊巷人家的历史意象。设计将一块北接西湖、南连西峰小学北门、呈南北狭长状的公共空间用地进行改造提升，让小学大门向南收进，清除与古榕树绑结为一体的危房，保留其钢筋混凝土框架以支撑稳固古榕，并堆叠以山石，作为社区公共空间的标识性景观。挖掘地段原为明末著名学者、闽剧开创者之一的曹学佺（1574—1646年）居所西峰草堂旧址等历史信息，呈现其闽剧源流、传统士人园居生活方式等文化内涵，并将景院命名为"宜秋园"，以关联巷东口旧北水关水道上曾有宜秋桥的历史信息。通过园北临西湖侧的门楼、巷口坊门匾额之点题以及框景、引胜等手法，增强了社区场所的文化意蕴。

城市历史轴线、街巷、水系既是串联各级城市公共空间的连接网络，将历史城区各类文物保护单位、历史地段、城市公共空间及各类社区有机连缀为一体；而其自身又是构成层级分明、内涵丰富的城市公共空间的重要载体。如于山、乌山两山北麓之历史街道鳌峰坊路与道山路，其东起五一路西至白马路、白马河，连绵约2km，由鳌峰坊路、法海路、学院前路及跨城市中轴线（南街）向西毗邻的道山路组成，道山路西端与南北走向的白马路相接。沿线串接了鳌峰坊、朱紫坊与于山以及其西侧乌山天皇岭、澳门路林则徐纪念馆、三坊七巷与白马河等。设计对名人与名校、名人与宅第、山地园景以及历史场景之历史关联的脉络加以梳理与挖掘，对重要连接点广场进行空间塑造，如于山北坡主入口与鳌峰坊及朱紫坊街区交汇点的广场、乌山与澳门路（通三坊七巷街区）节点空间以及林则徐纪念馆节点广场、通湖路口乌山北入口广场等，还有沿线重要历史古迹特征的空间营造（如高士其故居、鳌峰书院花园遗址、法海寺、陈兆锵故居、清福建提督学政署遗址即今延安中学、孔庙、八旗会馆、民国海军将领杜锡珪故居等节点空间），并通过整体街道的色彩基调协调性整饬，近人尺度街道界面特征连续性再造，建构了一条特征节点节奏明晰、整体连贯又具独特文化特质的街道空间，让两山北麓的历史空间由此散发出其独有的书香与人文气息。

持续多年的历史保护与城市微更新，使福州名城树立起以古城色彩基调作为统一元素来表达其整体的同一性；又依据各地段历史信息与既存环境特征来区分不同场所的空间特质，于整体中呈现各历史空间的不同文化氛围，重构了具有多样历史景观意义且整体序列意象连续的古城体验框架。福州古城历史中轴线及其东西次轴线（仙塔街与井大路、南后街与北大路）、

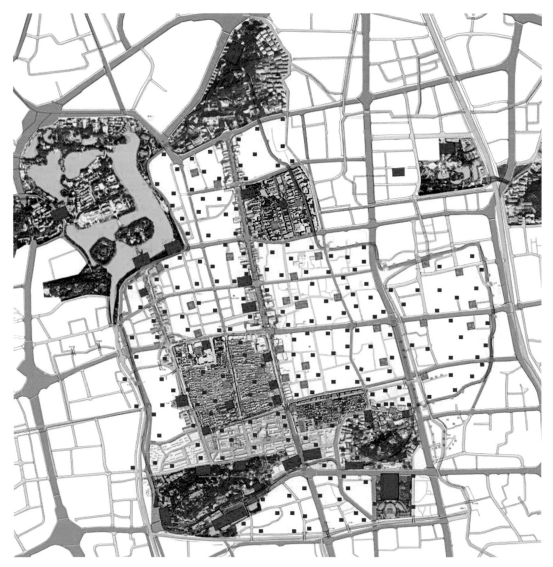

图 1-20 历史城区多层级尺度的公共空间体系建构

历史水系、街巷网（鳌峰坊与道山路、安泰河与琼东河、虎节路与贤南路、冶山路与钱塘巷、华林路等）的空间景观个性得以重塑，建构了感知体验生动且又具强烈整体性的序列意象空间。

1.3.5 理"轴"构"整体"

轴线是"一种用于组织空间要素的结构基准"[30]，提供了"一种线性的视觉完形"[31]，在形态方面呈现出线性或者带状的特征，因此，轴线亦具有了"生长性、统一性特征"[32]。闽之有城，自先秦闽越王无诸建国始，"都冶为城，是为冶城"[33]，其格局已不可考。如前文所述，西晋在冶城南建子城始，就确立了"三山一轴"的城市空间结构，一轴向南直指原闽江中的吉祥山、烟台山（古称藤山、天宁山）、高盖山、方山（又称五虎山）诸案山。其后水退城进，城池向南拓展，城市空间格局不断完善，构筑了古城"三山两塔一楼一轴"的独特空间格局。至近现代，古城与其南闽江两岸的新市区形成"一轴串两厢"的组团式格局结构。福州城市中轴线既是城市的地理中轴，也是城市的心理中轴，更是福州城市历史发展的轴线。其北起屏山、南至烟台山，全长约 6.8km，纵横古今，不曾移位。福州城市中轴线凝聚了这座城市历史发展的精髓，是福州城市历史发展的一部史书，串联了北屏山与西汉冶城遗址、晋西湖、唐宋以来的三坊七巷与朱紫坊、于山与乌山以及大庙山与上下杭、烟台山等诸多历史地段和华林寺、开元寺、鼓楼遗址、孔庙等众多文物古迹，构建了城市连续且多样的文化景观，它也是福州历史文化名城之核心保护纽带（图 1-21）。

2014 年，在完成了福州中轴线三坊七巷段有机更新设计之后，我们抓住冶山西汉冶城遗址的保护，又开启了福州城市中轴古城段的整体保护与整饬实施设计工作，以城市连

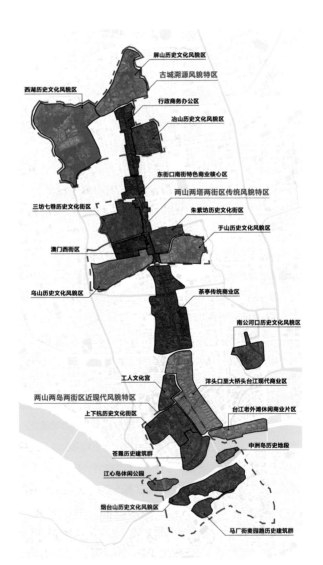

图 1-21　中轴线串联各片区与文物古迹

接方法强化中轴线的中枢纽带功能意义。设计强调城市街道整体环境品质提升，坚守不拓宽其与东西向城市干道交叉口之思路，以人为本进行路权再分配，"给步行者留出足够的空间"[34]，无障碍化设计连贯全线，让特殊人群或母亲推着婴儿车能悠闲惬意于其间。同时，整合各类市政设施，补植行道树、完善街道休憩设施。我们还结合沿线更新地段，营造不同尺度的凹入状"舞台式"空间，或为社区之公共空间，或作为街道咖啡餐饮店、书店外摆区，以增益城市街道活力。

在中轴线空间的梳理中，我们特别关注其与各层级尺度历史地段、文物古迹的串联，以及文化重要性场所的塑造，让城市中轴线重新成为城市特征景观空间序列之道，成为具礼仪性的文旅之道。自北而南，首先整饬屏山南麓华林寺周边环境，突显中轴线端点以华林寺为核心的空间节点的景观特质；向南至冶城遗址，拆除了不必要的建筑，以"显山露水记源头"为理念，建构了占地约 60 亩的既为城市遗址公园、又是中轴线北段具有文化独特性的开放空间；续南至鼓楼遗址，设计结合先期已完成的遗址保护工程，对其周边建筑进行立面改造，整体提升空间环境品质，营建了又一处具强烈文化景观特性的场所（图 1-22）。同时，强调中轴空间与老街巷的连接，通过重置牌坊、坊门、连接点空间等设计手法形成各社区标识性节点，修复了中轴线空间的传统美学意韵。

于福州东街口之南的中轴线三坊七巷段（南街），设计充分结合三坊七巷一侧全路段的更新改造，将三坊七巷东端由北而南的塔巷、黄巷、安民巷、宫巷、吉庇巷有机地与中轴空间连接起来，并依据其存续的环境历史特征，营造以不同形态的

坊门或牌坊。如塔巷坊门之牌匾采用"塔"之图形，揭示了其历史意蕴，又呼应起其东侧的花巷教堂之钟塔。黄巷口坊门，则结合沿街商业建筑体之连廊，设计为高而深的类城门洞的坊门，既塑造了东向进入三坊七巷街区的门户标志，亦反映了变化的中轴空间尺度。安民巷巷口之标识物，设计以现代金属构架形成柱廊，与连接两侧现代商业建筑体的连廊共同构筑出可辨别性的巷口节点空间，于形式上与安民巷的历史牌坊意象相关联，"于思想层面上，也形成对安民巷充盈鼎新革旧、走向进步的一种精神响应。"[35] 此外，在追求街道界面连续性的同时，设计还强调于各坊巷口设置形态迥异、意趣生动的人性化小空间，既可作为中轴线空间的休憩点，又增强了各坊巷的可识别性。

对于南街东侧的既存建筑，我们则结合环境综合整治，予以呼应性设计，重置了花巷、锦巷、织缎巷坊门及牌坊，拆除了织缎巷北侧一幢二层建筑，梳理出一处街道"舞台式"空间，并营造为军门社区公共空间。此开敞空间东侧，新置了社区标志性的牌坊，也成为街西侧架空视线通廊的对景。

跨过安泰河，即为南街之朱紫坊街区与两山两塔段（于山、白塔与乌山、乌塔）。此街段历经近 20 年的持续整饬，构筑了一系列具历史景观意义的空间节点：于东侧安泰河口，利用更新建筑做出退让，形成以朱紫坊牌坊为视觉焦点的街区西入口空间；于其西侧形成了以清真寺为中心的特征空间，并在其南段东侧，拆除孔庙前一座多层建筑，修复了孔庙前仪式性广场；于西侧清理出乌山东入口广场，通过空间连缀又将乌塔、孔庙、白塔串联为一体，再造了城市中轴线一处具文化标志性的场所空间。

图 1-22　整体提升空间环境品质

富有特征性的城市公共空间界面建筑，是塑造城市公共空间地方文化景观的重要元素。因此，对沿中轴线两侧既有建筑立面进行再设计，成为整饬工作的重要内容。由此，我们确立了中轴线保护与再生的总体策略：整饬城市历史中轴线空间结构，以重塑城市整体景观结构特色，并对关键空间节点进行创新性再设计；采用名城色彩基调、精细化尺度、精致化细部等方法对沿线高大现代建筑进行协调性再设计，以呼应古城气质；让"庞大的设计结构和细部丰富的建筑不可分割。"[36]

对沿线建于 20 世纪 80 年代至本世纪初期的多、高层建筑进行立面改造。如前文所论及，设计讲求既保持其年代特征，又与地段历史建筑类型相关联，以取得整体同一性；强调与所在环境建立起"都市美学"的"集体对话"，[37] 或形成背景建筑，或成为相邻建筑的组织者。如华林寺正南向的一幢多

层建筑立面的再设计，上部建筑体采用灰色玻璃幕墙进行虚化处理，二层裙房则细化其尺度，以精致化的细节令其与华林寺取得呼应。设计以同样的手法，改造了朱紫坊街区隔街相望的清真寺南北两侧建筑，既突显了清真寺的主体角色，又在一定意义上净化了朱紫坊街区周边的视觉环境。与三坊七巷之黄巷对望的原电子大厦实体大板墙，设计也以玻璃幕墙的形式虚化其建筑体量，增强了黄巷的透视进深。同时，于巷内补植高大乔木，净化街区的视觉环境，让体验感知更具历史感。而对孔庙北侧一幢多层建筑立面的改造，则采用玻璃幕墙与金属格栅（其后侧墙体饰以暗红色涂料）相组合的方式，在弱化其实体感的同时，亦响应了孔庙红墙的庄重氛围（图 1-23）。

对其他大量性办公、商业与住宅建筑立面的再设计，我们强调以古城色彩基调建立中轴线界面特征的连续性，不改变其既有形体关系，并于立面细节设计中融入各自地段的历史

图 1-23　弱化实体感呼应庄重氛围

信息与特定的图式符号，以此营构各特征地段的可识别性，体现 2200 多年的城市传统中轴线的文化景观连续性与可读性（图 1-24）。

随着城市的不断拓展，福州传统中轴线亦自然向北、向南延伸，建构起不断变化壮大的城市结构。如上文所提及，设计通过整合位于莲花峰下的新店闽越古城遗址公园、城市动物园、儿童公园以及国家森林公园，构筑了中轴线北延端的核心空间——城市公园集群，作为业已形成的新店城市新区的"绿肺"；对由屏山西麓引出的福飞路（历史上的古驿道）进行环境综合整治，将其与屏山及镇海楼紧密连接。在城市中轴南端、老仓山历史风貌区所在的南台岛核心部之高盖山（古城第三案山），设计强化其作为城市"绿肺"以及

图 1-24　立面细节设计

南后街北口水流湾巷意象重塑
郎官巷沿南后街牌坊
黄巷与衣锦坊互为框景

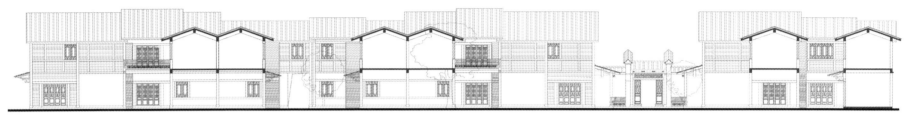

国师苑沿南后街剖立面图

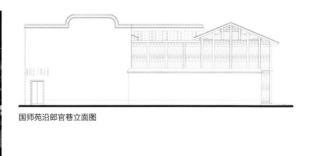

国师苑沿郎官巷立面图

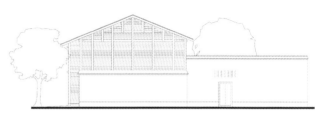

国师苑沿塔巷立面图

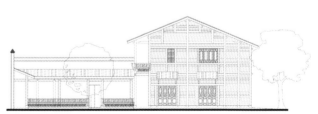

国师苑内庭院立面图

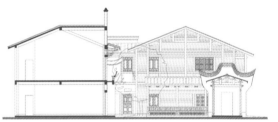

国师苑内庭院剖面图

国师苑沿街门头房 │ 结合保留乔木营造内庭空间

内庭与街道空间

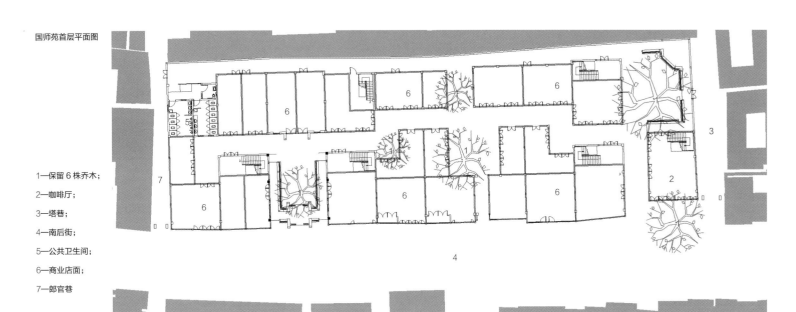

国师苑首层平面图

1—保留6株乔木；

2—咖啡厅；

3—塔巷；

4—南后街；

5—公共卫生间；

6—商业店面；

7—郎官巷

塔巷巷口节点空间

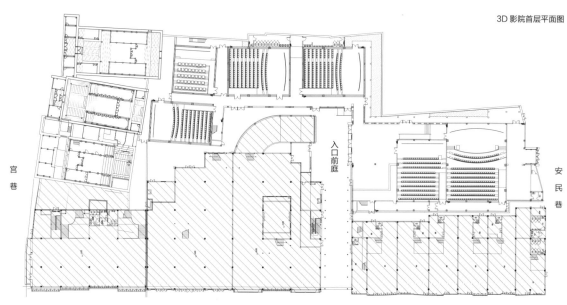

宫巷

入口前庭

安民巷

3D 影院入口框景——叶氏民居 | 3D 影院沿南后街入口
3D 影院入口与庭院 | 3D 影院沿安民巷入口门头房

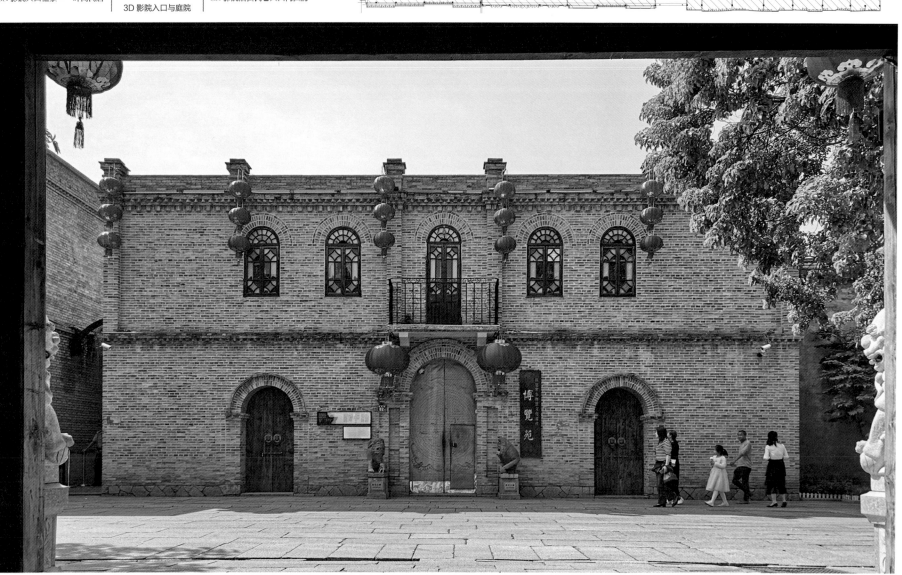

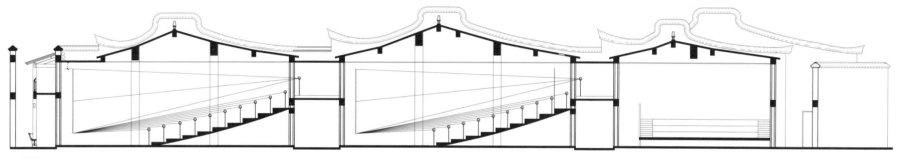

3D 影院剖面图

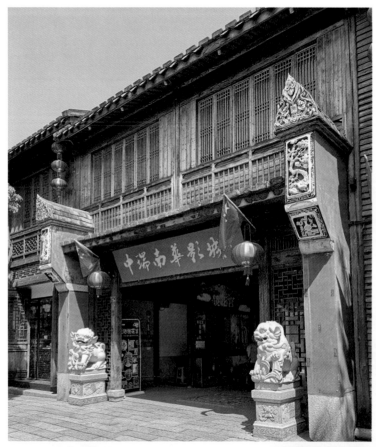

河坊曲巷——朱紫坊

设计 / 建成 2013—2021 / 2015—2022
全国优秀工程勘察设计行业奖（传统建筑）一等奖
福建省优秀工程勘察设计奖（传统建筑设计）一等奖

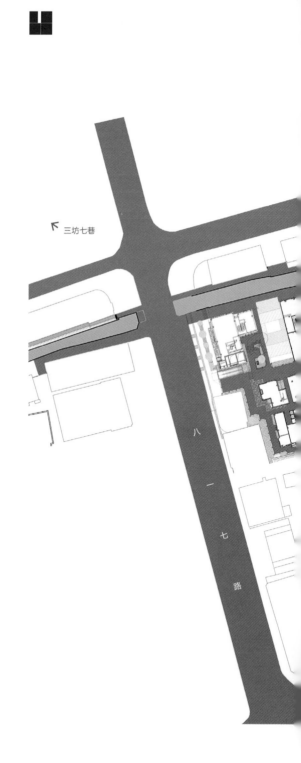

← 三坊七巷

朱紫坊，旧名达善境，始建于唐五代，得名于宋，成型于明清，于晚清、民国走向鼎盛。朱紫坊历史文化街区是以"士文化"为主体的传统社区，也是古代福州文化教育机构的集中地与古代达官名儒的汇聚地，又是近代中国海军将领的聚居地。其河坊一体的"长坊曲巷"格局以及"宅园一体"的居住模式成为我国特定历史时期传统街区的代表。

朱紫坊历史文化街区北至安泰河，南至圣庙路，东至津门路，西至南街，占地面积为 16.86hm²，核心保护区面积为 6.47hm²。其位处福州古城核心区城市传统中轴线东侧、历史城壕安泰河南岸，与三坊七巷历史文化街区对角相望，也是福州历史文化名城的重要组成部分。朱紫坊内历史街巷格局存续较完整，有各级文物保护单位 12 处，其丰富的历史建筑体现了完整街区的传统风貌与肌理。

朱紫坊历史文化街区保护再生包括其街区整体格局、文物建筑与历史建筑以及传统风貌建筑的保护修缮，还有历史环境要素保护、部分不协调建筑更新改造等。设计注重从街区尺度到建筑细部尺度的整体保护与再生，旨在保护其"河坊曲巷"的格局与整体风貌，以及修复街区屋顶肌理的完整性，并强化其连片的、具有强烈律动感的第五立面景观特征。设计通过对地段历史地理信息的发掘，呈现其古时地处唐罗城壕边"河街桥市"的繁华商业特征。同时，引入活力休闲业态，与北岸商业街区相呼应，再造具有福州特色的历史与时尚相融合的河坊街。而在坊内，则保持其宁静、儒雅的园居生活氛围。此外，我们强调对时间素材与环境要素的保护，即保护地段内一切有价值的特征要素，以及保持历史信息的真实性与完整性。如保护以乌烟灰及青砖外墙为特征的街巷整体风貌，突出其历史基调，并与保留的原汁原味的斑驳老墙、倚河古榕树、古桥与古井等相结合，呈现其"古锈"的岁月价值，突显街区独特的环境氛围和意象，以迥异于三坊七巷街区的体验感知。

设计还注重对多时期建筑文化层连续性的保持，特别是对 1949 年后建成的各类存续建筑尽可能保持其立面的时代特性，不要求仅以传统风貌统一整个街区。对于部分高大而不协

1—朱紫坊西入口更新建筑群；　2—萨家大院；　　　3—兰园；　　　4—郑大谟故居；　　　5—万华堂；　　　6—陈氏家庙；　　　7—芙蓉园（活化为漆艺术博物馆）；
8—法院地块更新建筑；　　　9—武陵园水池遗迹；　10—明代建筑活化；　11—法院地块更新建筑；　12—方伯谦故居；　13—朱紫坊支弄更新地块；14—法海路 34 号；
15—法海路 38 号；　　　　16—陈兆锵故居；　　　17—董见龙先生祠；　18—延安中学图书馆（更新建筑）；19—新建筑；　　　20—琴院；　　　21—寿山石雕刻博物馆

朱紫坊历史文化街区首层平面图

保留利用红砖楼
呼应青砖与红砖建筑景墙
新建青砖配套建筑
红砖楼与传统院落

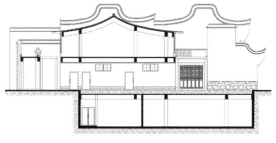

更新建筑剖面图

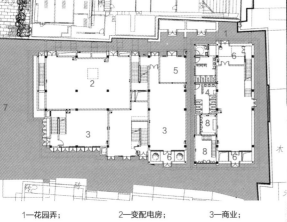

1—花园弄；　　　　　2—变配电房；　　　　　3—商业；

4—公共卫生间；　　　5—消控室；　　　　　　6—庭院；

7—邻里空间；　　　　8—小庙

花园弄更新建筑首层平面图

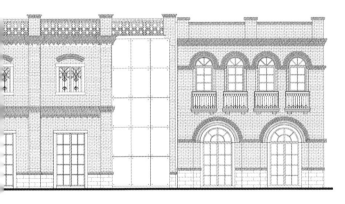

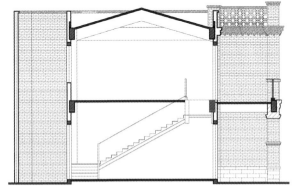

利发巷更新建筑剖面图

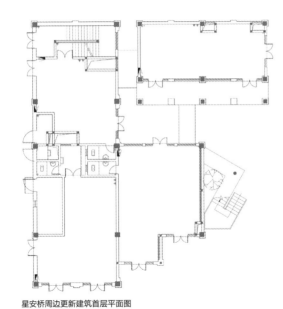

星安桥周边更新建筑首层平面图

更新建筑东立面图

更新建筑剖面图

更新建筑南立面图

更新建筑剖面图

星安桥北岸更新与保护建筑

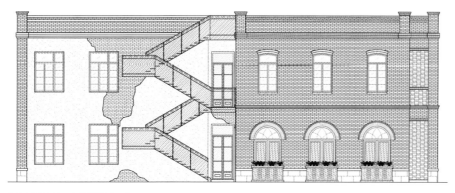

永德会馆东侧降层改造建筑侧立面图

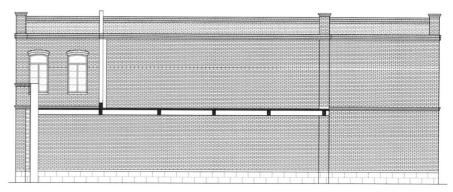

永德会馆东侧降层改造建筑剖面图

永德会馆与降层改造建筑

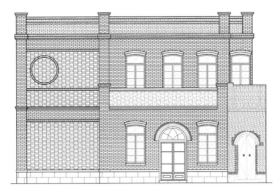

永德会馆东侧降层改造建筑正立面图

永德会馆东侧降层改造建筑背立面图

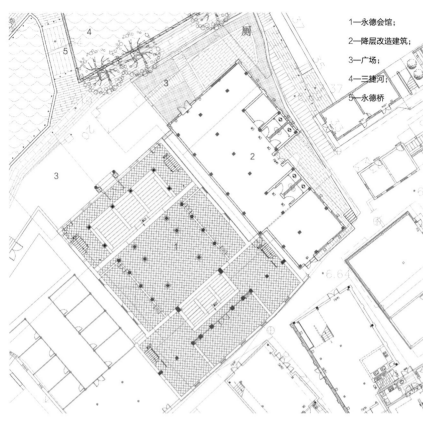

1—永德会馆；

2—降层改造建筑；

3—广场；

4—三捷河；

5—永德桥

永德会馆修缮前

永德会馆东侧降层改造建筑 | 降层改造建筑立面细部

三捷河

隆平路西立面（立面改造）

隆平路东立面（保护修缮）

更新建筑的类型学演绎 | 新置角亭，丰富街道景观
完整性保持历史真实

三捷河

植入时尚元素，提升街道活力 | 保护与改造相融合
立面改造体现传统工匠精神

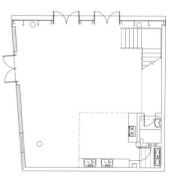

隆平路南段更新建筑首层平面图

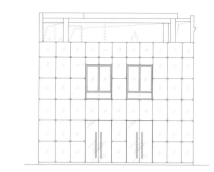

隆平路南段更新建筑北立面图

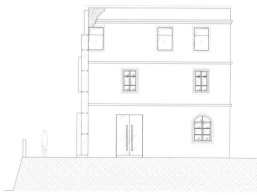

隆平路南段更新建筑西立面图（老墙保护）

隆平路南段更新建筑剖面图

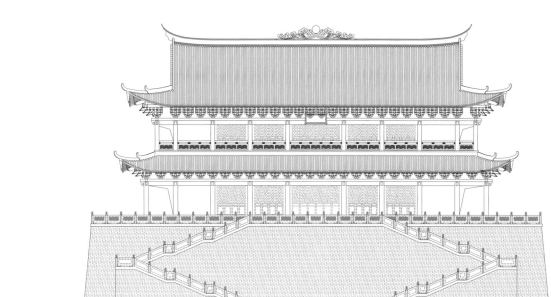

镇海楼立面图

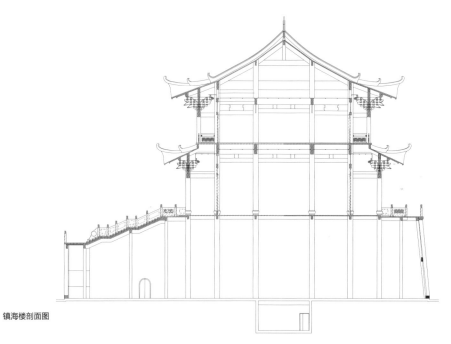

镇海楼剖面图

屏山镇海楼与七星罡

镇海楼室内 | 活化利用为福州古厝展示馆

中轴线北段立面整治
福建省供销社立面改造

中轴线北段立面整治前   大洋百货立面整治前   黄巷对街建筑改造前
福建省供销社改造前

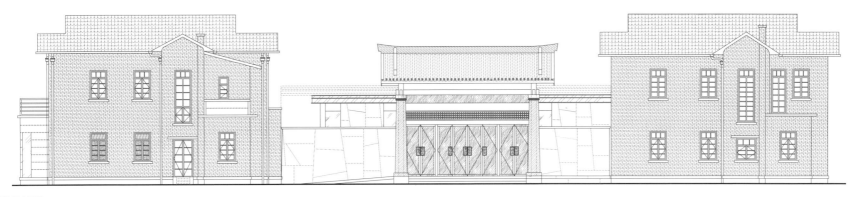

冶城博物馆立面图

冶城博物馆主立面

类似汉代石柱廊入口 | 石砌矮墙连缀红砖楼

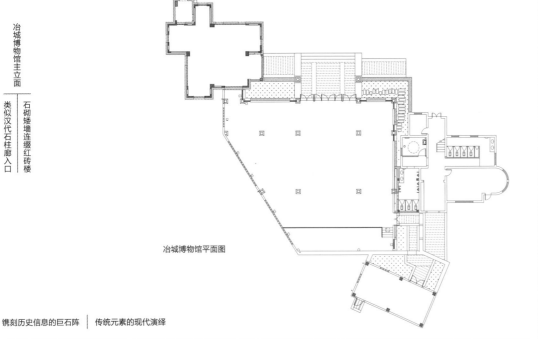

冶城博物馆平面图

镌刻历史信息的巨石阵 | 传统元素的现代演绎

闽江之心——江滨步行街、江心岛、烟台山

设计 / 建成　2013—2021 / 2022

闽江之心江滨步行街总平面图

闽江之心位处福州城南滨江历史城区，是福州城市历史发展轴（中轴线）与闽江海丝发展轴的交汇点，也是城市跨江向海发展的桥头堡。滨江历史城区发端于宋代，形成于明代，鼎盛于清末民国时期。北岸台江地区历来是城市商贸经济中心，烟台山历史风貌区则是近代进驻福州的各国领事馆及洋行所在地，有"万国建筑博览会"之称。从 2013 年起，福州市政府陆续启动了上下杭街区内的三捷河滨水地段、上下杭街、隆平路等的保护与整治，以及江心岛公园改建。2017 年，台江苍霞历史地段也展开了保护与再生工作。2021 年，"两山两岛两街区"作为一个整体进行了环境品质的再提升，并被称作福

州城市会客厅——"闽江之心"。

2013 年，我们配合仓山区人民政府对废弃多年的江心岛公园进行改造提升。设计在突出其生态自然特征的同时，强调对旧有公园内具有历史和文化价值要素的保护，营造集休闲观光、文化健身于一体的都市自然生态园。2015 年底，江心岛公园重新对市民开放，其岛域面积约 6hm²，设计融传统造园理念与当代景观设计手法于一体，先抑后扬、小中见大。园中园、桥下园、岛中岛层出不穷，借景、对景、框景等手法的应用形塑了青春、浪漫、绿色的江中岛公园特色。今天，江心岛公园已成为个性独特的"闽江之心"人文景观岛。

1—青年桥（新建）；　　2—洪氏茶仓库；　　3—生态停车场；　　4—青年会；　　5—青年会广场；　　6—苍霞基督教堂；　　7—南星商城；　　8—永恒商厦（立面改造）；

9—三角口袋广场；　　10—聚春园酒店；　　11—红星旅社（立面改造）；　　12—福泰华庭（立面改造）；　　13—林荫大道（台江步行街）；　　14—潮流广场；　　15—活动广场；　　16—海事局；

17—沙滩平台；　　18—解放大桥（万寿桥）；　　19—中洲岛；　　20—配套商业建筑改造；　　21—江心岛；　　22—闽江

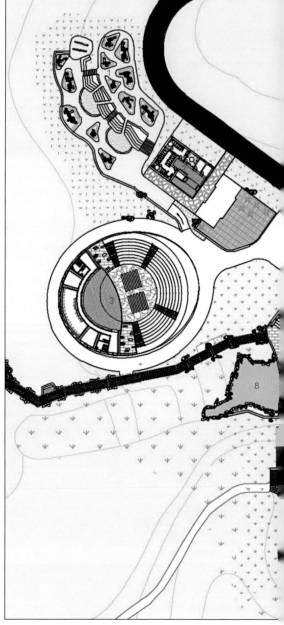

儿童乐园与天池胜境总平面图

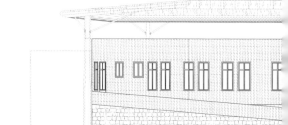

儿童剧场立面图

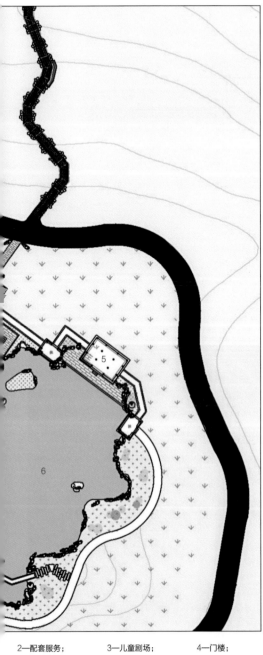

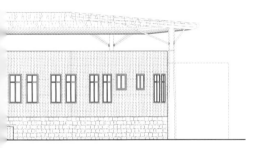

2—配套服务；　　　3—儿童剧场；　　　4—门楼；

6—天池；　　　　　7—堑道；　　　　　8—荷花池

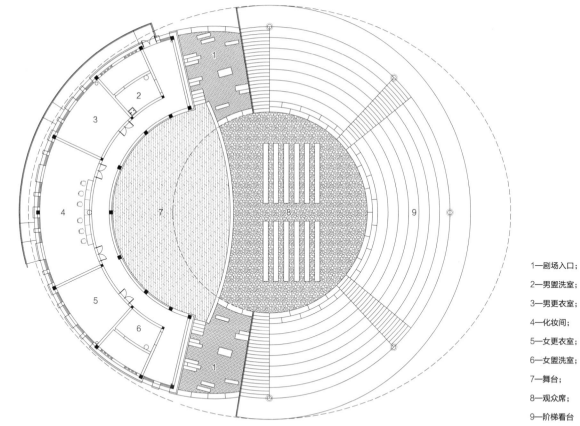

1—剧场入口；

2—男盥洗室；

3—男更衣室；

4—化妆间；

5—女更衣室；

6—女盥洗室；

7—舞台；

8—观众席；

9—阶梯看台

儿童剧场平面图

儿童剧场剖面图

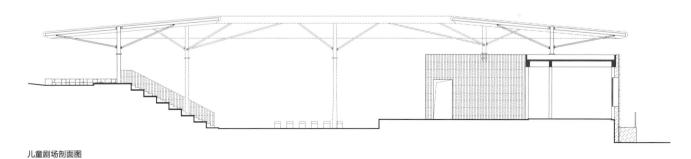

1—铝扣板装饰檐口；　　2—铝合金滴水片；

3—屋面檩条；　　　　　4—80mm 厚棕草；

5—钢梁屋架刷防火涂料，栗壳色烤漆；

6—钢柱屋架刷防火涂料，栗壳色烤漆；

7—铝合金板复合屋面；　8—毛竹吊顶；

9—钢梁屋架刷防火涂料，栗壳色烤漆

儿童剧场钢构屋架大样图

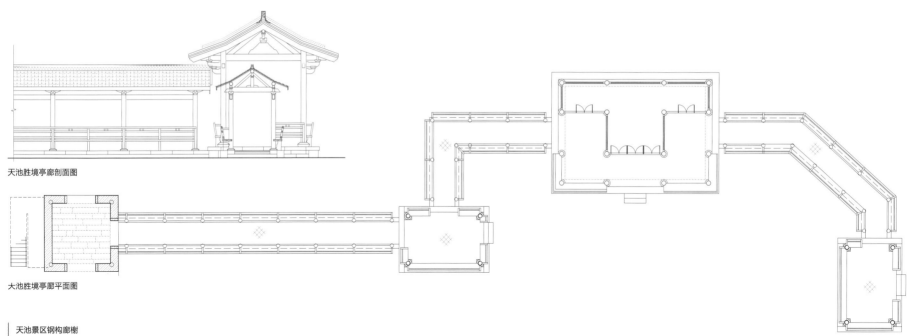

天池胜境亭廊剖面图

大池胜境亭廊平面图

天池景区钢构廊榭

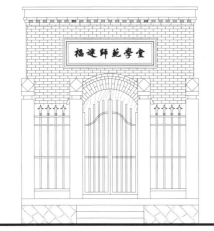

福建师范学堂校门立面图

福建师范学堂校门内立面图

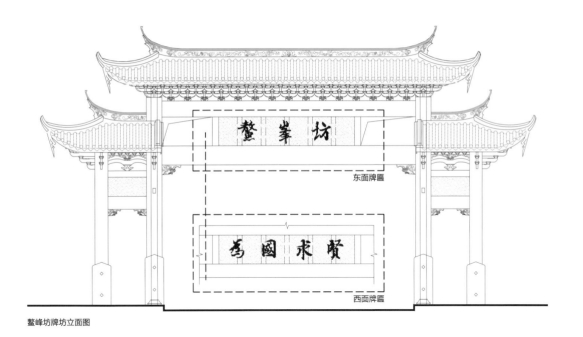

鳌峰坊牌坊立面图

鳌峰书院花园旧址门面房立面图

重建类贡院式牌坊 | 鳌峰书院花园旧址 | 科举文化长廊

鳌峰书院历史人物铜雕（创作者：林靖）

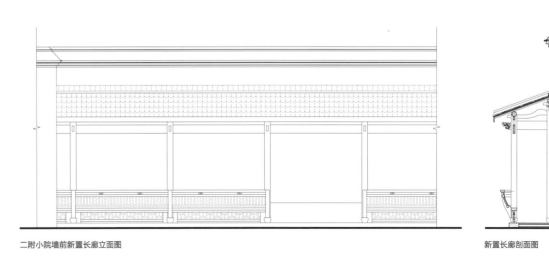

二附小院墙前新置长廊立面图

新置长廊剖面图

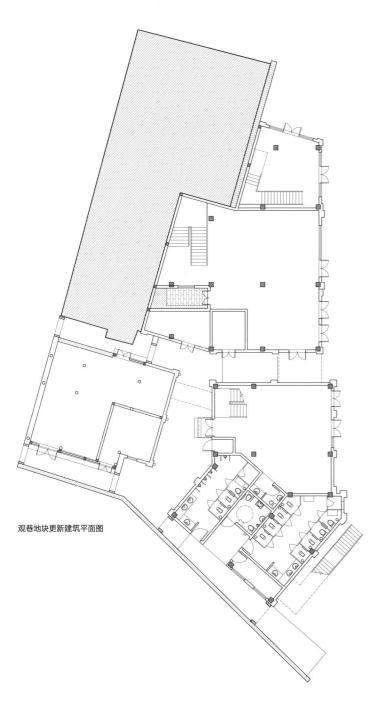

观巷地块更新建筑平面图

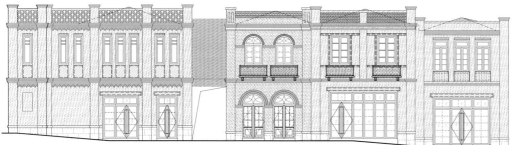

观巷地块更新建筑立面图

第二篇

城市历史保护与文化景观个性再造

（一）设计理念探析

历史的层累与接续构造了城市文化景观，城市景观的差异性则彰显了城市文化的个性。城市历史景观对于人类来说是一种社会、经济和文化资产，也是城市可持续发展的重要资源，显得弥足珍贵。30 余年的"推土机"式旧城改造模式与拼贴式巨型住宅楼盘的造城运动，令国内许多城市失去了原有东方城市的整体结构特性与文化景观个性。

党的十八大以来，国家特别强调在城乡建设中对历史文化的保护，特别是 2015 年的中央城市工作会议，明确提出要弘扬中华优秀传统文化、延续城市历史文脉并保护好前人留下的文化遗产。各城市要结合自己的历史特色、区域文化、时代要求，塑造城市精神，对外树立形象、对内凝聚人心。对于历史城区要有序实施城市修补和有机更新，解决老城区环境品质下降、空间秩序混乱等问题；不断完善基础设施，恢复老城区功能与活力，以便更好地延续历史文脉、展现城市风貌。在当下高质量发展的新理念下，我们必须重拾对历史与自然的敬畏，在努力建设一个现代化城市的同时，还要从混沌无序的历史存续中洞察、发现并梳理出每座古老城市的独特景观个性，通过保护历史真实性，提炼建筑类型特色，以保护传承与创新发展相结合的方式，尽精微而至广大，重构城市特色结构，强化文化认同，再塑地方文化景观独特性。

福州历史文化名城从单体文物保护到历史文化街区与风貌区保护与整治，再从单一历史街区保护到特征历史片区整合，已逐步建立起层次完整而丰富的名城整体保护体系，形成独具福州特色的名城保护创新模式与具体实践方法。

2018 年，福州市委、市政府以"赓续城市文化文脉，保护城市特色风貌"为目标，要求每个区县市至少各推出一个历史遗存较丰富的历史地段作为特色历史文化街区进行塑造。全市共推出了 15 个特色街区。"特色街区"可以是福州历史文化名城保护规划中划定的历史文化风貌区、历史建筑群或拟申报为历史文化街区的地段，也可以是留存至今有历史记忆、具有一定历史文化价值的老城区或特色历史地段，或者包含有一定历史文化底蕴的地段。15 个特色历史文化街区可分为 4 种类型。

一、福州城区内的历史文化风貌或建筑群类型：如鳌峰坊街区、烟台山风貌区、中平路街区、南公河口街区等；

二、老县城中拟申报为省历史文化街区类型：如连江县魁龙坊街区、罗源县后张街区、长乐区和平古街、永泰县永阳古街等；

三、老县城中一般历史地段类型：如福清市利桥街区、闽清县梅城印记街区；

四、新城区中历史村落活化类型：如闽侯县城昙石山街区、福州三江口新城梁厝村、高新区南屿水西林古村落等。

我们设计团队承接了其中的 7 个项目。从这些项目中不难看出，福州"特色历史文化街区"的类型丰富，内涵迥异，保护与更新的对象也已从单一的历史文化街区拓展到老县城的一般历史地段，并走近市井百姓的日常生活环境与城市记忆中，并为我们探索不同历史存续状态的城市保护途径和城市有机更新方法提供了多样的实践机会。

2.1 历史保护与城市更新设计历程回溯

福清古县城有 1300 多年历史，唐圣历二年（699 年）置万安县，后唐长兴四年（933 年）取"山自永福里，水自清源里，会于治所"而称福清[1]，县治至今未变。明嘉靖三十三年（1554 年）为防倭寇[2]，始修城墙，至抗日战争城垣城门拆毁之日为止，其城池共存续 384 年。今城内存续有明万历年间首辅叶向高花园（豆区园）等历史建筑群和南关外利桥古街区。古街区由一坊（明石牌坊黄阁重纶坊）、一塔（明瑞云塔）、一桥（宋龙首桥）、一井（宋井）及数幢华侨厝、古民居等组成。我国自唐代置县的县城有 1573 座[3]，延续至今能保持有城墙、护城河且历史风貌与格局相对完整的已为数不多，如山西平遥、辽宁兴城等。而大部分古县城，如福清，虽历史自然环境与城池范围仍然可辨、历史街巷格局尚存、文物古迹有一定存续量，且有一二片历史地段存续。但是，其古城内外低层建筑多被现代多高层建筑所替代，街巷多被拓宽，历史尺度与整体风貌已不复存在。福清历经改革开放后的社会经济发展，在古城西、北、东三个方向形成了 3 个城市组团，已演变为中等规模城市（图 2-1），然而其城市风貌特色不显著，地方文化景观个性也缺失。

2015 年，受福清市委、市政府的委托，我们承接了利桥古街区的城市设计。项目任务书要求：通过保护与再生，让利桥古街区成为城市文化客厅，能集中呈现福清独特的传统建筑和侨乡建筑文化特性，彰显福清城市文化景观个性。我们则希望通过具体项目的介入，能对业已壮大却缺乏特色的城市空间结构进行重构，对此类存续状态一般的古县城的保护与更新进行实践性思考，以期能为重塑福清城市整体空间结构的艺术构图和文化景观个性做出有益的探讨。

基于古代城池选址及布局大多是契合大地景观格局而生成的独特结构特征，设计首先坚持以古城中轴作为壮大城市空间的统领轴和市域的地理轴，并以古县城为核心串联其西部、北部、东部三个城市新组团；其次，结合正在建设的城南玉融山、五马峰约 20km² 的城市中央公园，在古城的案山玉融山、朝山五马峰的山巅设置玉融楼、福阁，以强化城市轴的"力线"效能，并让城市轴向南延伸，将山南江镜蓝色经济产业园、江阴港城紧密联系为一体。再者，设计通过梳理西起石竹山、东西贯穿城区、迤东注入东海的龙江生态轴，在石竹山山顶建造望海阁，以此呼应古城南关利桥街区的瑞云塔，清晰建立起城市东西向生态发展轴；让轴线顺龙江向东延伸，将东部新城、融侨产业园区以及建于明代的龙江出海口的海口古镇串联起来。城市轴与东西生态轴的重构适应了新的区域规模尺度，是城市地域的"设计结构"[4]。福阁则赋予全市市域城市空间一个心理、视觉与结构的中心，并以强大的力场将石竹山望海阁、利桥街瑞云塔联系在一起，将人力与自然力整合为一体，共同建构出一种城乡空间紧密联系、整体特征清晰的城市空间组织结构（图2-2）。

对于古城保护，我们基于其历史尺度、整体格局与风貌不可修复的现状，将重点转向为对其历史脉络的梳理与体验感知的地方特色再造，探索已丢失的历史特征，重塑老县城的文化景观个性。设计希冀通过改暗渠为明渠的方式，修复东城壕的历史意象；整治提升大北溪（西城壕）、龙江（南城壕）、玉屏山（古城主山）环境品质，意向性修复城墙与南北城门，营造古城特征节点，并以连贯的公园道系统将其串联为环形公园带，可识别性地标示出古城所在位置，让环城公园成为连接新旧城的纽带。同时，通过修复历史街巷，"织网串社区"，并使其与环城公园道紧密连接；揭示史层信息，结合历史遗迹，营造多层级、多尺度的特征空间场所，重塑地方文化景观个性强烈、体验感知丰富且如"树叶状"[5]连接的古城穿梭游历路径网络结构。在历史地段更新建筑、历史街巷沿街建筑的立面特征再塑方面，设计通过对传统村落与城镇的田野考察，寻找

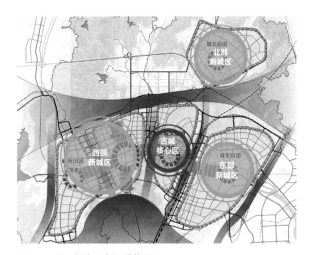

图 2-1　福清城区空间结构图

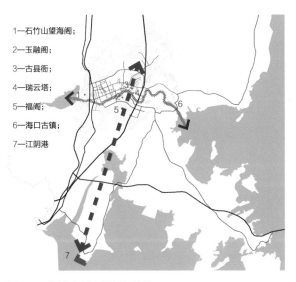

图 2-2　福清市域空间组织结构

并提炼出福清市域独具个性的红瓦屋顶、红砖与石材混砌或红砖石材与粉墙组合的传统建筑外观特征，以及侨乡建筑独特的红瓦顶、红砖柱（拱）廊的风貌特色，并厘清建筑群体的组织秩序（图2-3）。在此基础上再进行归纳总结，形成系列化的组合谱系，并应用于历史街巷的建筑立面再设计中。

同样建制于唐代的永泰老县城，因地处山区，再加上经济不发达，所以古城尚未被彻底改造。虽然城墙旧址外沿修筑了环城路，并建起高层建筑，将古城包裹其中，且城池范围内许多传统院落被改造为多层建筑，破坏了古城历史尺度与风貌的完整性。但是，其街巷肌理、走势、尺度仍基本得以保持，街巷

图 2-3　福清传统建筑外观特征演绎

巷格局清晰可辨，文物、历史建筑众多，清代、民国建筑亦相对连续成片，人们穿行于老街小巷，仍能品读出老城韵味（图2-4）。

永泰置县于唐永泰二年（766年），宋时称永福，别名永阳。明嘉靖三年（1524年）始筑城垣[6]，城池占地面积仅约50hm²。县城位于祖山磨笄山西麓，被自东北而出、汇于正南的大樟溪及其支流清凉溪三面环绕。磨笄山脉于城内隆起山丘，曰登高山，是为城之主山。城外众山环揖，城内重岗复岭，山水交融，钟灵毓秀，袖珍般的县城仿若磅礴大地景观中的精致盆景。发源于泉州德化戴云山东麓的大樟溪由南而北舒缓流经登高山麓，后于东北向汇入闽江。故而，永泰县城成为泉州北部地区至省城福州的水运枢纽节点。两宋时期这里就是望县，经济发达，文风鼎盛，前后共出文武状元7名、进士280名。南宋乾道年间，又七年蝉联三状元[7]，其名更为显著。1949年后，由于交通方式的改变，永泰失去了区位优势，成为了一个山区贫困县。但也因其经济发展滞后，县域范围内仍完整存续的国家级与省级历史文化名镇、名村与传统村落等共79座；被誉为"南方民居防御建筑奇葩"的大型庄寨建筑存续约150座，加之散布于各村落的碉楼、铳楼，防御性民居建筑多达300座左右[8]。其城、镇、村关系仍完整地反映出传统农耕社会的空间结构，是为传统耕读文化与古代城乡一体生活方式的真实载体，更成为当下永泰全域文化生态旅游的重要资源（图2-5）。

我们基于古县城以原住民居住为主体的功能特征和历史存续状况，提出了再造人地紧密联系的"人与房子一起保"的古城再生策略。在保持以居住功能为主体的同时，我们还融合商业、文化与旅游等功能将古城整体塑造为永泰国家级全域旅游示范区的核心地与集散平台。以整体保护与有机更新相结合的方式补足其各类市政与公共配套设施，整体提升古城人居环境品质。激活古城文化基因，修复老县城文化记忆与历史特色。

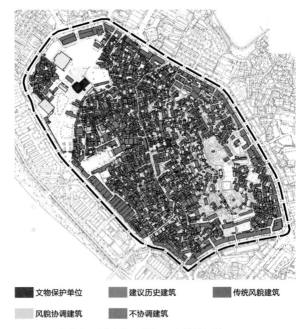

图2-4　永泰老县城建筑风貌与历史价值评估

■文物保护单位　■建议历史建筑　■传统风貌建筑
■风貌协调建筑　■不协调建筑

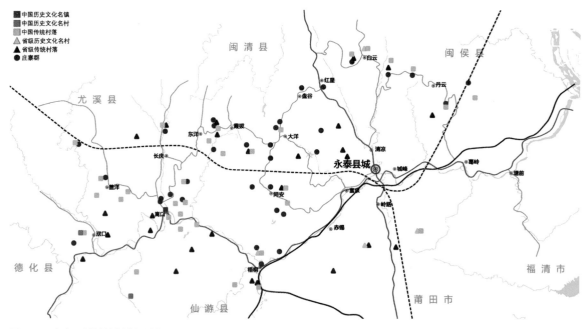

图2-5　永泰县域城镇村空间结构

强化古城山地街区与永泰传统建筑特色，再造地方文化景观个性鲜明且具持续活力的复合功能街区，从而探索出千年古邑复兴的永泰实践模式。

设计以"城市双修"为契机梳理老县城的传统街巷网络（图2-6），修复历史街巷格局的完整性，并意向性呈现古城格局的表征性景观（如北城门及片段城墙）。在进行系统性景观提升、塑造公共空间节点的同时，植入市政、消防配套设施，完善标识系统，引入社区营造理念，与原住居民共同缔造宜居、宜业、宜游的城市生活环境。

活化利用各类传统建筑，培育多元活力功能业态。保护修缮各类历史建筑、文物保护单位，并将其转化为各类文化活动设施，如在景行书院旧址上重建书院，就作为传统文化研学及传播的场所。培育文化创意业态，将永阳古城士大夫文化、状元文化、忠义文化、宗教文化等以室内展示、互动体验、户外节点揭示、艺术化景观呈现等多元方式加以阐释，融入居民日常生活，增强古城体验感知的文化景观特性。

保护与整治相结合，重塑古城整体风貌景观个性。梳理提炼古城传统民居与永泰庄寨、碉楼、铳楼的建筑类型要素（图2-7），将其创新性地运用于各类不协调建筑立面的改造上。采用适当降层、大体量建筑尺度消解、平改坡等多种手段重构古城整体有机的秩序。通过对各时期有价值建筑的保护、各类不协调建筑的整治、历史环境要素的连缀，以城市连接的方法再造古城连贯的整体风貌景观特性。

重建人地关系，强化场所认同。老县城是原住居民世代生活的场所，它有稳定的社群结构，并营造了具有认同感的生活场所。"人与房子一起保"的古城整体保护理念体现了一种"人地"关系，即"不仅仅保护建筑物和其他城市要素，还要保存它的生活方式、文化氛围和风尚习俗"[9]。

在项目设计过程中，我们一方面通过开展访谈、座谈会等方式听取并吸纳当地文史专家、民俗专家关于古城传统文化与习俗的相关知识和古城保护及再生的建议、需求；另一方面，将完成的初步方案进行设计征询，尤其将关于公共空间的使用方式与集体意象表征、每户人家的建筑保护与不协调建筑立面改造方式等征询居民意见，了解并尊重居民意愿，搜寻其根源于历史的记忆。通过设计征询，实现了居民的广泛参与，达成了共同缔造以及强化场所认同与文化自信的设计目标。

而对于闽侯县城，设计团队则以"特色历史文化街区"塑造为切入点，探讨在城市新城核心区构建具有中国传统尺度特色的城市景观意象模式。闽侯县于民国二年（1913年）由闽县、侯官县合并而来，原县城设于福州城内。作为闽都文化发源地，其有着悠久的历史。但由于县治所驻地历史上一直在迁移中，今县城所在的甘蔗镇直至1970年县委县政府入驻后才

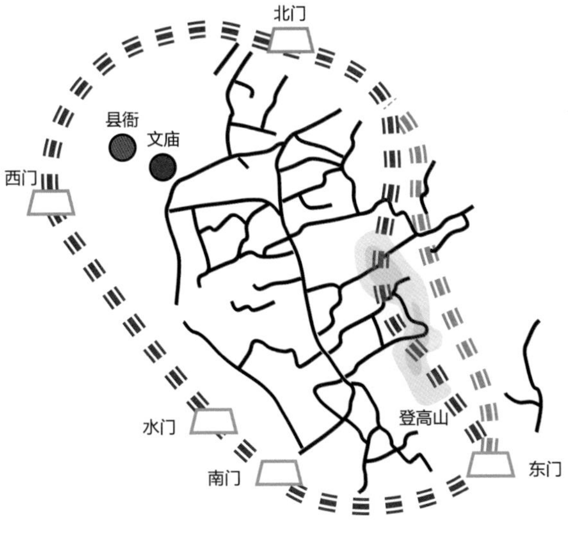

图2-6 永泰老县城传统街巷网络

图2-7 永泰县域传统建筑外观特征

龙门卡（今称胜利路）以及古谯楼南侧的十字街等[23]，并于明代之后逐渐发展成熟，形成了独具地域特征的"九头十八巷"的整体格局（图2-24）。所谓"头"，指的是特征节点场所，如井边、桥头边、社庙前等"九头"节点空间。位于历史街区内及邻近处的"头"有：庙前街、大路街与后街、衙后路交汇处的长寿社之"社衙头"、衙后路西口之"鳌石头"、坊巷东口内之"井头"、古谯楼前之"水湄头"等。街区内无论是路、街还是巷（宽度4~6m），其沿线均连续分布着一至二层的商铺建筑，而各街块内部与街巷不相邻的宅院则通过极狭窄巷弄进入。街区整体充盈着浓厚的商业气息，与我们所认知的其他城市的历史街区（如福州三坊七巷、北京南锣鼓巷街区等）有着迥异的历史特征氛围，这是我国古代城市从"里坊制"到"坊巷制"再至"街巷制"演变的重要历史佐证，或可将莆田兴化

图2-24　兴化府历史街区总平面图

府历史街区称为宋"坊巷制"（街市制）的典型代表。

兴化府历史街区在传统建筑特征方面亦同样具有强烈的地域性。其基本平面类型为一字型"三间厢"（一明二暗），又在三间厢基础上加大进深。次间前后各两间房，称为"四目厅"。向两侧扩间，则变成"五间厢"，甚至"七间厢"。"五间厢"是莆仙地区最为常见的民居布局形式，由"三间厢"或"五间厢"前后两侧加厢房组成了多进合院式建筑。多进院落建筑再扩充，则在四周加厢屋（护厝）实现，如街区中的大宗伯第、林扬祖故居、文献武魁第、原氏民居、大路街黄巷里进士第等文物及历史建筑（图2-25）。此亦是福建传统红砖区域（闽南地区、莆仙地区、福州的福清及长乐南部地区）最为普遍的合院式建筑组织形态。户与户之间常常以夹巷（又称火巷）相分隔，完全不同于闽东地区（福州、宁德）以共墙方式进行落与落的横向扩展和户与户之间横向拼接的形式。而沿街巷的商业建筑则以一至二层连续排列的小面宽、浅进深的街屋形式相拼接，或与后侧宅院相连，或独立为商铺。此外，各街块内部还零星地分布民国时期中西合璧的红砖拱券四坡顶类型建筑（图2-26）。无论合院式建筑还是连续排式街屋，屋顶普遍采用悬山做法，与闽南地区硬山造为主体的双坡双曲面虽相似，但因其正脊与檐口两端生起更为明显，悬山造与主屋正脊两端飞扬的燕尾脊相组合，令街区整体上更具有一种升腾感。加之三开间以上的建筑屋顶多采用高低檐分段式的屋顶形态，而不似闽南的正脊分段、檐口却平齐的"三川脊"形式，也让街区屋顶（第五立面）景观及街巷空间体验更富动感与层次性。

一方面，在街区再生设计中我们真实地保持各历史存续建筑的特征，包括因时间流逝而形成的古锈感；另一方面，抓住

其最具独特性的立面外观要素，如正脊两端生起较高与垂脊交接而形成的高耸山尖——生巾脊（俗称"文脊"或"贡银头"）的做法，悬山出挑之檩头不饰博风板而采用似桃形等形状的特

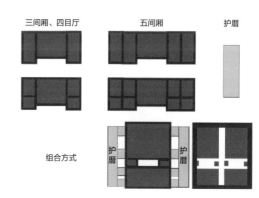

图2-25　兴化府历史街区传统建筑特色研究

图2-26　兴化府历史街区传统建筑外观特征

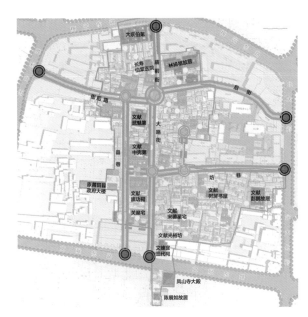

图 2-27　兴化府历史街区多层级公共空间

图 2-28　福清福阁

制红瓦（俗称"檁头瓦"）保护的做法，以红壁瓦加蛎壳灰勾缝与塑涂竹钉而形成的红底白线、白点之红壁瓦墙（俗称"满堂锦"）[24]和在土坯墙外侧以红砖包砌、白丁石加固形成的"砖石间砌"的独有山花山面外观做法等要素，运用于残损严重的传统风貌建筑修缮和不协调建筑立面改造设计中，再塑街区整体地方文化景观的独特性（图 2-27）。

在街巷格局肌理及历史特征空间修复方面，设计不仅关注其格局肌理的完整性再造，而且强调结合文旅功能的体验游线路的连贯性与特征场所塑造，如将两条不相接的南北走向街巷——大路街与县巷，通过征收并清理县巷中段东侧已倒塌房屋的宅基地（历史上立新巷遗址），与东端临大路街的过街亭相接，在街区中部把大路街与县巷连接起来，并连接了与大路街"T"形相接的坊巷，这在一定意义上修复了立新巷的历史意象。扩大县巷口空间，与存续的两口古井、夹巷的老墙古树共构了富有地方独特性的"井头"空间。而在立新巷南面的文献崇功祠南侧，我们清理了三至五层不协调建筑进行"留白"处理，并置入地方特色的戏台作为街区传统文化活动场所。在临大路街处设置门楼、景墙，与街道空间既相隔又相连，赋予街道层次感。此节点空间西南角通过既存的门洞夹巷又连接起西侧县巷。与新置门楼隔大路街相望的一幢带歇山顶凉亭的退台式小体量公共建筑，设计将其保留并利用为观景台，登高可俯瞰街区全貌，极富个性的街区第五立面景观将给予游客深刻的感知意象。

对于坊巷（位于大路街东侧）界面的连续性与节点空间的塑造，设计在其东段北侧两幢大体量七层商住楼前植以树阵来限定近人尺度的街道空间，二层裙房采用类型学方法进行立面类比再设计，以呼应其南侧连续排列的低层传统风貌建筑。西段北侧中部的另一幢七层住宅楼前的空地则置以亭廊，既再造传统街巷建筑界面的连续性，又营建出一处邻里交往的休憩空间。坊巷与大路街交汇处，我们清除了毫无价值且单薄的一层商业建筑，将原来的民居完整呈现出来，并于街角处塑造了一处亲切的凹入状"舞台式"空间。以此手法，在庙前街林扬祖故居、衙后路民国时期邮局建筑等节点处，亦形成各具特征的亲切小空间，加之进行空间重塑的长寿社前的"社衙头"、坊巷东口处的"井头"等节点，均增添了街道空间体验的意趣性。因此，亦让大宅第极具地方特征性的屋顶燕尾脊间歇地呈现于街道空间中，打破了由一、二层传统木构建筑所构成的连续而单一的街巷景观，让游历于其间的人们能更加完整地感知与把握莆田传统文化景观特性，增强旅游体验的文化魅力，实现地方文化景观促进历史街区乃至城市可持续发展的设计目标。

在各街块内部保护再生方面，设计注重保持原居住为主体的功能，以城市微更新方法将历史建筑活化为社区各类公共服务用房，拆除部分不协调建筑用以建设市政基础配套及消防设施，或"留白"建构多层级公共空间以改善社区人居环境。保持稳定的社群结构网络，延续传统的文化体系与生活方式，让街区丰富而鲜活的多元文化（妈祖信俗、俚歌梆鼓、十番音乐、元宵烛山、大五福等）持续传向未来。

2.2　历史保护与城市更新之策略和方法

不同地区、不同时期的历史遗存保护再生设计实践，为我们探索基于地方文化景观特征的城市空间结构与文化景观个性再造积累了丰富的素材。同时，我们团队的设计实践项目业已超出了历史文化名城、历史文化街区保护与再生的范畴，走向了融合设计之路，以提升当下我国更为普遍的县城及县级城市历史遗存保护与城市人居环境的品质。通过"实践—理论—实践"的循环总结与再提升方法，在福州历史文化名城整体保护与更新设计实践过程中，我们在提出三大策略方法（城市连接、文化史层揭示、类型学演绎）和五个层面整体保护框架（重"点"修"格局"、连"块"组"片区"、织"网"串"社区"、留"白"塑"场所"、理"轴"构"整体"）的基础上，进一步梳理出以下四点设计策略，希冀能为适应更为宽广的历史保护与城市有机更新，再塑地方个性的城市空间结构与文化景观提供有益的借鉴。

2.2.1 以具体实施项目为契机，促进城市特色空间结构重构

我国近 30 年的快速城镇化历程，使得城市建成区规模不断扩大，历史城区占地比则越来越小，并逐渐消融于高楼林立的新城新区之中，城市整体结构特色逐渐遗失。基于此现状，作为一名建筑师，我一直希望能通过自己参与设计的不同项目，无论其规模大小，都能为项目所在城市或地区的空间结构优化甚至战略调整做些有益工作。正如西方建筑学者琼·布斯凯茨在总结巴塞罗那城市更新成功经验时所指出的，"通过城市本身的历史渊源和建设实现的途径，战略调整可以通过具体项目得以实现"[25]。

如前文论及的闽侯县城昙石山特色历史街区，占地面积仅约 8.8hm²，我们通过研究分析县城历史渊源、周边环境条件和所处核心区位，梳理出总占地面积约 1km² 的低尺度城市历史文化生态风貌区，并力图通过法定程序将其确立为县城整体空间结构的"核心"，整合其周边以高层建筑为主体的各类功

能组团，重构具有中国传统城市尺度与景观意象的核心区风貌特质。在福清利桥历史街区和五马峰福阁两个项目的设计过程中，我们将历史街区与古城进行关联性整合，探索出此类历史存续极为一般的老县城特色再塑的路径。更为重要的是，在城市设计层面为福清全域空间确立了清晰的设计结构：即以古城为城市核心，以福阁（图 2-28）为心理与地理标志物，以南北城市轴与东西生态轴构筑全域性的"一心一阁双轴"的总体空间结构，从而守住其历史文化根脉，完善了城镇体系并夯实以县城为城镇化重要载体的物质空间基础。

在做永泰老县城保护与再生设计时，我们则结合其历史存续相对良好的情境，因地制宜地补齐老城短板，特别在提升古城人居环境品质的同时，再造老县城的文化个性魅力，增强其作为永泰全域文化生态旅游载体的机能，逐步重建起以县城为中心、以历史文化名镇为节点、以丰富的传统村落为"群星"的县域文旅产业特色空间结构。2022 年 5 月，中共中央办公厅、国务院办公厅印发的《关于推进以县城为重要载体的城镇化建设的意见》中指出，县域经济要突出特色、错位发展，并培育发展特色优势产业。多年来，永泰县依据其自然与文化资源禀赋，通过"强县城"举措，不断培育全域性文化体验、休闲度假、特色民宿、养生养老等产业，乡村文旅产业已具有一定规模与特色。

龙海后港特色历史街区占地仅 5.5hm²，但古镇区总占地面积达 1km²。再生设计不仅限于骑楼街区核心保护区的空间格局、街巷肌理、风貌特征、功能业态等方面，而且对上位规划列为更新改造的后港地段南侧、西侧等地块进行风貌协调性城市设计，形成了刚性的再开发规划指标与指引性风貌管控导则。同时，我们还对项目基地东侧同在建控区范围内的原住居

民自建房及传统风貌建筑的微改造展开研究，将历史保护、风貌重塑、原住居民住房自我微更新和社会资本更新改造棚户区等结合起来，在优化石码古镇区整体空间结构的同时，力图重塑历史片区低尺度连续有序的特征风貌，正所谓"致广大而尽精微"。

2.2.2 以比较研究为方法，揭示并凸显地方文化景观的独特性

任何城市都具有历史脉络和历史积累。一个城市之所以区别于另一个城市，这就在于城市遗产的特征是"接连出现的文化和现有文化所创造的价值在历史上层层积淀以及传统和经验的累积"[26]。由这些文化景观反映出城市的差异性和多样性，从而亦呈现出各城市的文化性格与历史特征。在长期的、不同地区历史地段再生项目实践过程中，我们团队逐渐培育出一种辨识地方历史特色的"基本功"——以独到、犀利的洞察力去发现并凝练其普遍的形态与类型特征，并从比较研究的方法归纳出每个历史街区有别于其他地区的独特且唯一的景观特征要素，即在修复与再生设计时进行创造性地转化与表达，强化自身地方文化个性，以差异性来彰显独特性，从而引发在地社群的共鸣，既增强文化自豪感，又提升城市文化竞争力。

福州三坊七巷历史街区始建于西晋，形成于唐末，迄今仍具有强烈里坊制的居住氛围，各坊巷内几无商业存在。设计紧紧抓住"里坊制"的核心价值，从居住功能（保留一定数量的原住民）和管理制度的特征物（坊墙坊门）等方面予以保护。同时，通过肌理织补，以"几"字形马鞍墙营建出层层涌动、万顷波涛般的第五立面（屋顶），再造了整体街区独特的景观意象。莆田兴化府历史街区则强调形成于宋的"坊巷制"格局

特征。据史书记载，各坊巷多设牌坊以表坊名。沿中轴（主街）街市连绵，各坊巷街市亦繁华热闹，与三坊七巷中里坊制的市肆不入坊的情形截然不同，唯由夹巷引入的各街块内宅院还保持宁静的居住氛围。

兴化府历史街区形成于旧市坊制瓦解、新型城市聚居规划制度产生时期，其坊巷格局特征正如贺业钜先生描述的宋平江府城的聚居形态："按开敞型的'坊巷'地段来组织了。由是可见，此时'坊'的本义业经丧失，只不过是遗留的传统名词，而'巷'才是现实存在。"因此，我们可把"坊巷制"理解为以坊为名、以巷为实，商住一体的"按街巷分地段而规划的聚居制度"，这是"我国封建社会城市规划史上第一次坊制大改革"[27]。兴化府历史街区至今仍具有强烈的宋代特征，"坊巷制"是其最核心的价值特征。若与建成于元代的北京南锣鼓巷历史街区的市坊聚居形态相比较，兴化府历史街区更加突显了作为我国城市聚居组织单位与市坊制度演进变革的阶段性特征。

宋代"坊巷制"的市肆因深入坊巷而破坏了民居居住的宁静氛围，因此，北京元大都规划的聚居模式发展出了街与胡同（巷）有机结合的鱼骨状形态，其商业集中分布于街，而胡同内则作为纯居住场所，这不仅保持了居住的安静氛围，而且也有利于城市管理。坊不设坊墙与坊门，这延续宋代在巷口设坊表的做法。此种创新性的聚居模式"既具有改革后新型坊巷制的特色，又吸取了营国制度传统里制不为市廛干扰及形制规划的优点，使新型坊巷制居住区的规划水平又提高了一大步"[28]，因此，将这新型聚居模式称为"街巷制"。"街巷制"成为元代及之后我国古代城市普遍采用的聚居单位，并延续至民国时期，如形成于明代的漳州龙海后港历史街区，以及形成于民国

时期的福州老仓山公园路地段等片区。至近现代，具有殖民地色彩的城市以及民国时期进行成片区旧城改造的城市，如闽南各地区的骑楼街区则吸收西方城市格网街块的聚居形态模式，这在一定意义上又呈现出商住一体的"坊巷制"（"街市制"）形态。通过街区格局形态的比较研究，我们在辨识、明晰不同再生设计对象原初时代特征的基础上，紧紧抓住其各自鲜明的个性予以彰显。

除了街区的形态学特征外，由特征类型建筑集合而成的整体风貌所呈现的可读性意象更是构成文化景观独特性的最直观表现。黄汉民先生通过建筑用砖的色彩对福建省传统建筑风貌特征进行分区，大致以福清至永定划线，其东南部包括闽南大部分地区、莆仙全境及福清为红砖建筑区，约占全省总国土面积的 1/5，而其北部则皆为灰砖建筑区[29]。两大风貌特征区虽然其建筑平面类型都具有中原合院式、结构多采用穿斗木构、插栱承檐檩等共性，但在整体外观与肌理组织等方面却呈现出极大的差异性和明显的个性。即使在同一色彩区中，因地理、气候及民系方言不同，加之崇山峻岭阻隔，在同一性中又反映出各自的鲜明个性。2018 年，我们结合全省高铁、高速公路沿线环境综合整治以及编制建筑风貌导则之际，对福建省各县市传统建筑进行了较为全面的田野考察，加之既有的项目实践背景，基本厘清了各县市域传统建筑所采用的材料与色彩及其独特的构造做法，提出了更为详细的色彩特征分区思路（图 2-29）。如在灰砖建筑区的闽东片区，我们依据其外墙用材不同，划分为以灰砖空斗墙、夯土外墙为主的宁德地区和以粉墙为主体外墙的福州地区。而福州地区又依据其屋顶用瓦色彩划分为沿海的红瓦片区（包括除一都镇外的福清、长乐东南部、连江大部分地区等）和灰瓦的福州城区及所辖的其他区县

（包括长乐区北部以及闽侯、永泰、闽清、罗源诸县）。

同属红砖建筑区的莆仙与闽南地区，因其红瓦屋顶形式及组合方式不同，外墙红砖面所占比例不同，从而呈现出迥异的个性。若以泉州为基点，向西南之漳州、向东北之莆仙和福清其红砖外墙占比量皆逐渐减弱。而同样采用红瓦屋顶的福州连江县则几无红砖出现，再加之石材规格及砖石混砌组合方式不同，更呈现出全然不同的风貌特质。屋顶是福建传统建筑中最具表现力与呈现地方差异性的重要组成部分。莆仙和闽南传统建筑的屋面因其呈内凹式双向曲面，往往给人以深刻的意象感受。由于闽南地区多硬山造，而莆仙地区则多悬山造，因此，两者屋顶形式不同，其群体组合方式也不同，从而产生了易识

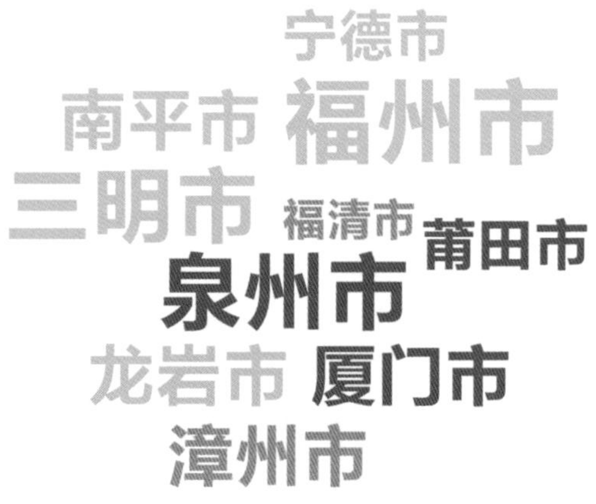

图 2-29 福建省传统建筑色彩特征分区示意图

别的差异性并形成了各自独特的景观个性。

我们在漳州龙海后港历史街区的特色保护与再生设计中，就特别关注多样硬山造的形式组合及山尖下类木悬鱼的灰塑"规垂"表达，以突显地方性历史特征。在山墙处理方面，则突出龙海地区以粉墙为主、以红砖瓦为装饰的艺术构图，从而区别于泉州、厦门地区的传统建筑特征。在莆田兴化府街区保护再生中，一方面我们关注连续出现的悬山形式和以檩头瓦替代博风板及山面采用"红壁瓦""砖石间砌"等独特做法；另一方面在屋顶组织肌理上，我们注重主厝、护厝（跨院）的屋顶不同于闽南纵横双向的组合方式，而采用相向组织的做法，或是与主厝连为一体，或是与主厝高低微错落。兴化府历史街区传统民居的主厝、护厝及与相邻宅院屋顶的组织方式虽与福州三坊七巷街区相似，但因其采用的是悬山高低错落的双坡屋顶组合形态，又截然不同于福州三坊七巷街区由马鞍式封火墙所构筑的第五立面景观意象。对于兴化府历史街区的屋顶肌理，我们通过更新建筑的强化其整体漂浮、轻灵的第五立面景观特征，并有意识地设置观景台，让游客整体把握并感受其独特魅力。这正所谓"寻找特色与不同之处是旅游的全部意义"[30]（图2-30）。

2.2.3 以整体保护为目标，持续创造一种独有的地方文化

所谓"整体保护"，简单地理解就是"人与房子一起保"，不仅要保护建筑等物质文化遗产，还要保存由独有的"人地关系"而形成的传统知识、生活方式等非物质文化。唯有如此才可真实而完整地保护一个历史地区，让活态发展的人类聚落持续走向未来。

我国历史城市的整体格局与风貌多已不存，历史遗存呈碎片化分布于古城区内。尽管如此，历史地段始终是一个城市历史文化的集中承载地，仍延续着城市的景观个性及独特的文化氛围，也是城市的人文生态保护区。但由于每个历史地段都是历经数百年甚至上千年延续而来的，存在人口密集、基础设施老化与短缺、建筑年久失修、功能过时、公共空间缺失等诸多问题，要改善老街区的人居环境，必然要进行功能调整与人口疏解。因此，我们谈及"人与房子一起保"的同时，"也不强求留住大量原住户"[31]，讲求因地制宜，适度迁出一些住户。如三坊七巷历史街区保护与再生，福州市政府基于街区价值特征及现实状况，制定了合适的征迁办法：留住产权清晰的159户原住居民，征收已演变为来榕务工人员聚居的大杂院以及多层不协调的住宅楼、各类企事业单位、厂房与办公建筑。设计依循街区保护规划，强调坊巷内以居住为主体功能的原则，将更新地块确立为院落式居住功能，改善宫巷内的幼儿园和安民巷内的社区公共配套用房，"延续里坊制的独特氛围，让继续生活在街区内的原住居民以及迁入的新居民共同演绎独属于三坊七巷的居住社区文化，进而持续创造其辉煌的历史"[32]。

而对于规模较小的老县城，我们讲求少量征迁原住民，尽可能原生态地保持其鲜活的文化传统与生活习俗，补足社区基础设施与公用设施配套短板，适宜性活化利用文物及历史建筑，以增强街区整体活力，并妥当管控好居民日常生活与商业文旅新业态之间的矛盾。鼓励社区居民积极参与古城历史保护和文化遗产的阐释，让原本鲜活的传统文化继续保持蓬勃的生命力。如上文所提及的永泰县与罗源县古城保护与环境品质提升，就是我们着力践行"人与房子一起保"的两个实践项目。

罗源置县始于唐五代长兴四年（993年），县治所在地至

龙海后港街区效果图

莆田兴化府历史街区效果图

图2-30　不同地区传统建筑特征的独特性再造

今仍是罗源的政治、经济、文化中心。以清代罗源古城垣为界，古城占地面积约 50hm²。其"后张街—李园坂—孝巷"历史街区位于古城的西半部，是古城格局与风貌保存较为完好的历史城区，总占地面积约 20hm²（图 2-31）。

古城三面环山，城北为凤山，唯东开口敞向罗源湾，素有"海在城中"之称。三圳绕城，穿城而过。南溪为南城壕，中溪、北溪由东穿越古城与南溪汇于西北之蒋坑淈（穿城淈），海水涨潮时可顺三溪上溯至蒋坑淈（现今只存南溪）。独特的山川形胜构筑了古城独树一帜的结构格局，可视为中国古县城的佳例。片区内街巷格局呈典型鱼骨状形态，加之港埠、河街、肆市，形成了一派商贸繁华的景象（图 2-32）。

李园坂，位于后张街西南，是北溪的溪坂，宋代在此种李，故称李园，占地面积约 60000m²。孝巷在南城垣边，南溪与中溪之间有宋代罗源旧县衙、千总兵署、水陆寺、罗川书院及万寿塔等旧址。2018 年先期启动保护与整治的后张街历史地段位于城北凤山南麓，呈东西走向，罗宁古道穿街而过，原为水陆并行的街道，总长约 300m。北宋时，罗源张姓迁居于此；南宋末，遭元兵焚灭，后重建。现存民居为罗源面积最大的明代建筑群。后张街在北宋时出了首位进士——张蔚，官至参知政事，后人在街东口建冠英坊荣之。南宋时（1211 年）又出一位进士张磻，亦官至参知政事，因在张蔚之后，故称张磻为"后张"，此街也被称为"后张街"。有宋一代，张氏进士及第者 10 余人，甚为显赫。到了清代，后张街又陆续出了一批知县、知府及名流，素有"一街两宰相，六个知县府"之美称。

在李园坂街区内，分布有明代建筑 12 座、清代建筑 11 座、民国建筑数座等。此外，街区整体依旧存续着清晰的传统街巷肌理脉络，蕴含着丰富的非物质文化遗产。设计以整体保护为理念、以少征迁原住居民为原则，通过建构以传统街巷为游览路径的活态传统民居博物馆群落作为设计目标，探索街区复兴的新途径，传承地方特色非物质文化，让原住居民成为诠释文化遗产的主体，并与游客进行跨文化交流互动，以及创新旅游体验模式；重塑传统街巷历史特征，充分利用沿街巷违建拆除的留白空间，增设居民与游客驻足休憩的场所。同时，我们还注重将发掘的街区历史信息以景观化手段加以可读性表达：第一，将街东口拆除出的空地与凤山公园入口融合，形成一处放大的街区节点空间，植入传统特色亭台，作为街区的文化活动场所，并于亭中以镌刻历史信息的特选景观石体现罗源状元文化内涵；第二，在街区中段，修复废弃残屋与保留旧台明形成茶舍书吧空间，提升街区活力；第三，在街区西段，将残墙内的空地作为休憩节点，以类竹筒式石柱，阐释后张街历史文脉、人物轶事，体现"见物见人，见物见史"的设计理

图 2-31　罗源县城传统建筑外观特征

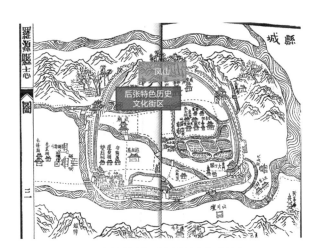

图 2-32 罗源县老地图（据《罗源县志》改绘）

念；第四，拆除沿街各类违建棚屋以形成街道节奏变化的序列节点，并与存续的各类历史建筑、环境要素相结合（如"禁炮碑"、夹杆石等）。同时，采用旱溪加以连缀，以意向性呈现历史上后张街水陆并行的街巷特征。此外，设计还通过现代城市生活配套与市政设施的植入，从而提升老街区的人居环境品质。再者，发挥原住居民在保护与活化中的积极作用，不断增强街区居民的凝聚力与文化认同感（图 2-33）。

总体而言，坚持整体保护就是要从改善居住环境入手，该保的保、该修的修，将肌理织补与淡化、保护和利用有机融合；针对不同情况进行具体施策，尽最大可能去传承原住居民的生活方式和风尚习俗；在保护物质文化遗产的历史、艺术和科学价值基础上，更需倡导对历史城区的社会价值与文化价值

的保护与传承[33]，让其能持续地创造一种独有的地方文化。

2.2.4 以城市历史景观为方法论，重塑具有强烈场所认同感的地方文化景观

2000 年颁布的《欧洲景观公约》催生了将历史城镇作为一个整体遗产进行保护的理念。2011 年联合国教科文组织第 36 届大会通过的《关于城市历史景观的建议书》，即倡导在自然、文化整体背景下重新思考城市历史景观的保护与发展方法。该建议书第 4 条指出，"在从主要强调建筑遗迹转向更广泛地承认社会、文化和经济进程在维护城市价值中的重要性同时，应努力调整现行政策，并为实现这一愿景创造新的手段"。该建议书为城市历史保护与发展的政策制定和设计

图 2-33 重塑后张街传统街巷历史特征

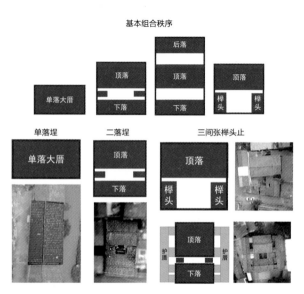

基本组合秩序

后落
顶落
下落

顶落
下落

单落大厝

顶落
下落
榉头
榉头

单落埕
二落埕
三间张榉头止

单落大厝

顶落
下落

顶落
榉头
榉头

顶落
护厝
下落
护厝

图 2-34　后港历史街区类型学研究

实践提供了新的视野，为在城市大背景下全面综合识别、评估、保护和管理历史区域的历史与当代价值要素提出了一种方法论。

城市历史景观是"文化和自然价值及属性在历史上层层积淀而产生的城市区域"（《建议书》第 8 条），它包括了建成环境中人类与自然共同作用下的物质与非物质要素，涵盖了地形地貌、水文植被等自然系统、地下与地表设施、土地使用模式、城市结构、社区结构、建筑与空间、事件与记忆、感觉与视觉联系以及构成城市地区的所有其他要素。

城市历史景观作为一种方法，它"承认活的城市的动态性质"（《建议书》前言），不仅关注真实而完整地保护历史价值特征，而且也支持社区寻求适应社会生活需求的发展与变化。该

方法的目标是将城市遗产保护与经济社会发展相融合，其核心"在于城市环境与自然环境之间、今世后代的需要与历史遗产之间可持续的平衡关系"（《建议书》第 11 条），鼓励在发掘辨识、保护城市遗产核心价值与地方独特性的基础上进行创新发展，并倡导利益攸关方共同参与磋商，尤其关注社群与遗产之间的紧密联系，强调"人地"关系场所精神的延续，让地方特色得到传承。

从具体项目来说，再生设计就是要对历史地段的自然、文化和人类资源进行全面的考察和史料研究，并邀请当地专家及相关地方社群成员共同查明其承载的价值及特征。同时，从形态学上揭露现今存续的物质环境所显示的前一阶段的史层信息，以及探究特征类型所集合的特征区域的组织肌理、平面骨架、邻里结构和空间构成，也就是街区肌理、街巷与开敞空间以及构成各层级城市空间的建筑组织秩序。这些物质原生要素组成的特征区域反映了特定社群的生活方式，积淀了城市记忆。"有关城市中区域的研究便因此引出了场所和规模问题"[34]，亦将不同特征区域区别开来。在全面厘清历史地段价值属性并坚守真实而完整保护、传承文化重要性的同时，设计还需着力研究适应城市生活需求的变化以及所实施的一系列技术手段，包括传统手段和创新手法，以平衡地方特性保护与当代干预行动之间的关系，并再造地方文化景观的个性特征，让历史特征区域重新赋予城市文化认同意义和美学意义的双重属性。

首先，在龙海后港历史街区结构与特色重塑实践中，我们以考古式的方法揭示其"江—港—市—街市—镇—城"的历史演进脉络，重构了具有历史意义的街区特征平面骨架，并以此骨架连缀起发展脉络清晰且多样的类型建筑（图 2-34），串

联起具有地方文化重要性的标志节点空间，且与骑楼街区共同形成龙海城区连续而完整的历史特征区域。其次，在保持主要街巷如蔡港河街、沙埭内、新街亭、浸水埕等历史肌理与传统意象的同时，强调地方文化意义场所的塑造，如前文所谈及的"港"的意象空间。设计还通过对当地文史专家和居民的访谈以及设计征询等公众参与方式，如邀请当地文史专家林靖华老先生带着我们设计团队走街串巷，讲述龙海历史与建筑特色、他儿时的场景以及他所理解的老石码印记，并将他绘制的老石码主要历史景观意象图赠予团队，让我们了解社群对城市公共空间的使用方式及需求，并基本厘清了龙海城市的总体意象与场所特性。在街区一系列空间场所的再造中，我们皆给予积极响应，并以一个整体关联的开放空间网络为基础，利用具有文化意义的公共建筑（书院、芗剧社等）加以投射，重塑其富含城市记忆并具有时代意义的空间场所。在街区中部，我们结合新建书院与芗剧社两座公共建筑的布局，营造了闽南特色的户外空间——"埕"的独特意象：书院埕敞向蔡港河，作为街区礼仪性空间，它反映了龙海的城市文化特质；而芗剧社则在两侧设"埕"，在南侧与书院间形成开敞空间，称为"讲古埕"，并设计古寮（说书台）。书院与芗剧社一起，希望能让芗剧（歌仔戏）、布袋木偶戏、锦歌、评书等民间文化在街区内得以演绎传承。同时，设计结合街巷空间梳理，采用"留白塑场所"方法，在街区内各存续的庵庙前形成庙埕（如街庙埕、渠庵埕等），在邻近浸水埕巷处（其南侧仍为原住民居住地段）设置一个开放空间，并作为社区户外活动场所，这既弥补老社区公共空间的缺失，又丰富了街巷游历体验意象。而在蔡港河景观意象的重塑中，我们则结合林先生所描绘的石码历史八景中的河街四景——锦水归帆（"港"之意象）、双桥

织雨、沙塘蛙鼓、五福禅钟，以历史景观的方法，再造特征性场所意象（图2-35）。

在莆田兴化府历史街区、永泰老县城的保护与再生中，我们以历史景观方法抓住街区的特征骨架结构，结合变化的环境和城市生活需求，将建筑保护、有机更新、城市集体记忆（哪怕微不足道的社群活动趣事）重新整合为一个相互紧密联系的集合体，让街区成为整个城市不可替代的组成部分，并充分发挥其作为城市文化缩影和城市文化个性彰显地的核心功能价值。在永泰老县城整体空间意象特征的再造中，其保护和更新规划内容虽然还未完全实施，但我们通过对城市骨架（作为中枢的登高街与丰富的街巷网络）的梳理与重织，系列空间场所的塑造，文化重要性建筑（景行书院等）重建，文物及历史建筑如武魁第、秀才楼、仰止楼（帝君楼）、世科里（张元幹故居）等的活化与利用，历史景观节点如观音亭、二十一层崎（二十一层台阶）的修复，以及以类型学为方法的立面改造和

补足城市功能短板等综合设计策略，一定程度上再现了永泰古城核心区独特的文化景观特性。

设计通过对老县城骨架的整饬，让登高街及其东南分歧新安巷与各城门遗迹、环城路等连接起来：新安巷南端与南湖路连接处即为旧南门（迎薰门）；登高街东端与上马路衔接处为旧东门（朝阳门）；西北端与杨梅路连接处为旧北门（拱辰门）。设计不拘泥于城墙与城门的修复，而是以历史信息揭示并于各街巷口设置牌坊等形式，标识并强化古城所在地与"进入"感。重置的牌坊不仅是进入古城的标识，也是对千年古邑永泰历史上出现的文武七状元的一种信息折射，更是古城独树一帜的文化符号表征。在街巷特征空间重塑中，我们特别注重保持其蜿蜒曲折以及富有戏剧性变化的开合空间体验，并与形态各异的节点空间相融合，从而增强山城街巷穿梭与游历的意象序列独特性。由东门进入登高街的巷道又称鹤皋巷，此路段经由两次曲尺向西转折，并与呈南北走势的主街延伸段（后

街）相接。从其节点处向南，又以天阶式曲巷顺山势而下连接起南湖路，日东皋巷。在二曲拐点引出一条呈南北走势的狭窄曲巷（老蛇弄），又连接起主街，整体上营造出极具山地园林特色的街巷网络。

沿街巷两侧的建筑虽多被改建为多层住宅，但紧邻巷道的建筑仍保留有大量夯土本色的院墙。设计基于经济性原则，仅对近人尺度的院墙、二层以内建筑、多层建筑的裙房和对景建筑进行立面再设计，保留夯土本色院墙，修复各特征木构门楼及跨街楼、过街亭，清除各类棚屋，营造亲切的巷弄小节点空间，如井边空间、厝边节点等，并补种乔灌植被，从而营构充满生机和意趣的闲适生活场景。此外，我们还在东皋巷东侧、鹤皋巷西端的南侧清理了一处公房，形成邻里口袋公园，以景观方法赋以特征意义，再现邻里和睦的生活情景。在老蛇弄北接主街的三岔口节点处，设计结合残存的一开间木构老建筑，将其南侧的一幢建筑进行征收拆除，营建登高街南端具有景观

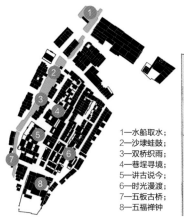

1—水船取水；
2—沙塘蛙鼓；
3—双桥织雨；
4—巷埕寻境；
5—讲古说今；
6—时光漫渡；
7—五板古桥；
8—五福禅钟

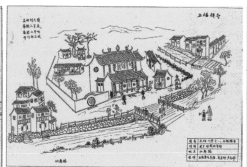

图2-35 再造石码特征场所意象

特征意义的标志空间——游客服务中心。而东侧为"留白"空间，与街道空间融为一体，让老建筑形象完全呈现在开敞空间中，特别是老建筑中的一组独特的龙舌燕尾脊由此成为空间视觉的焦点。该空间体验继续向北延伸，则是不时出现的文魁第、大夫第、武魁第的门楼牌匾，其宅第虽多被改建，格局亦不完整，但却是永泰老县城文风鼎盛、科甲连绵的实证。

保护再生设计不是文献式修复，而是保持其适应当代生活的文化生态，注重街巷空间历史特征与街区居民生活以及旅游需求的节点空间再造。在总体设计上，我们仍保持登高街以居住为主体、新安巷以商业为主体的多元功能混合的土地功能属性，仅将修缮后的文物建筑、部分历史建筑活化为文化展示及活力业态，如武状元第（柯氏三落厝）辟为演武厅及武术文化陈列馆、秀才楼（儒楼里）作为传统耕读文化展示馆，部分沿街传统院落引导居民自建或引入社会资本，开办适合文旅需求的时尚活力业态，以增加街区整体活力。

在全长约830m的登高街及全长约150m的新安巷的保护与再生设计中，一方面我们强调对特征场所的保护，如井边空间、树下空间、街头巷尾节点等。尤其是井边空间，这是永泰古城的文化符号（如北门虹井街虹井、老蛇弄井、新安巷新安井等），每口古井都讲述着辉煌或悲壮的家史里短故事，"聚井而居，因井成市"，这也是社群集体记忆的重要组成部分。设计通过可读性的展示呈现出丰富多彩的历史信息，并把井边生活场景融入街区整体体验感知中；另一方面设计强调结合消防回车场的功能，在建筑高度密集、封闭而连续的线形街巷空间中（宽3~5m）因地制宜地梳理出较大尺度的开放空间，并与既存特征空间节点相连缀，塑造出城市整体空间的独特意象。对于沿街各类不协调建筑立面的改造，我们同样将既存特

征建筑进行类型学的分析、分解与归纳，形成类型谱系并应用于各类建筑的修复及改造设计中。由于改造建筑皆为居民自有产权房，因此，每幢建筑的立面方案都需要多次入户、反复征询才能定稿。总之，因居民的不同审美喜好又产生了多样性，如有些住户排斥外墙改面砖为涂料的做法，设计则保持其条纹面砖并再饰以木装饰线条，以形成不同于传统灰板壁的立面效果。在工程实施过程中，我们在构造细节、用材及材质等方面与住户及施工方建立起不断磋商、互为妥协、最后达成一致的工作机制，并通过拓展设计、征询意见而形成共同参与营造的设计新模式。

在古城总体构架与空间场所的修复中，一项重要的举措是重建文化标志性建筑——景行书院和塑造核心公共空间——三状元广场。景行书院背靠古城主山登高山、面朝登高街，为三进合院式建筑，依山势渐进升起，气势恢宏。历史上登高山林泉玲珑，沿山壑注入书院内泮池，长年不涸。原县学宫位于现文庙东侧，乾隆二十三年（1758年）知县王作霖设学宫于登高山麓（即今址），取名"景行书院"，并祀朱子。景行书院与其西北木构跨街楼——仰止楼，共同呼应司马迁《史记·孔子世家》赞美孔子之句——《诗》有之：'高山仰止，景行行止'。虽不能至，然心向往之。"[35] 仰止楼供奉文昌君，俗称帝君楼。跨街楼下因登高街北高南低而形成21层台阶，并正处景行书院前，它希冀学子步步登高，此意寓深长。光绪三十二年（1906年）科举废，书院改办为县立两等小学校，民国时称为鹤皋小学，即今县实验小学前身。20世纪90年代实验小学搬迁新址后，书院及其前广场被改建为3~5层住宅，但格局还依稀可辨，特别是一进木扇架、泮池、石桥和其旁的一间秀才考房尚存。此外，21层台阶亦已被改为坡道，以便通行。

通过征收拆除相关无价值的建筑，我们恢复了书院的完整格局，梳理出呈"L"形的书院与仰止楼间的联系空间——三状元广场。三状元指的是南宋乾道二年（1166年）、五年（1169年）、八年（1172年）永泰萧国梁、郑侨、黄定三人连中状元，七年间有三科状元，于是名动天下。因此，永泰有"状元故里"之美誉。设计在仰止楼前意向性修复21层台阶，重建了仰止楼以及21层台阶与书院的历史结构。同时，在书院前重置石构三状元坊，砌以石矮墙并界定出书院"埕"空间，让书院空间序列更富仪式性，同时也表达了千年古邑在科举上的奇迹。为了改善广场南侧的界面景观以及增强广场的文化功能，设计还在书院埕西南端置入传统木构戏台，其昂扬的龙舌燕尾脊让广场空间充满生机，也成为穿越跨街楼的视觉焦点。景行书院、仰止楼以及与其联为一体的秀才楼等新与旧的文化表征物，共同构筑起古城核心的文化标志集合体。设计以此为中心，通过丰富的街巷网将分散在古城内不同尺度的文物古迹、历史场所重新编织成可穿梭与体验的感知空间，并融入百姓日常生活，这提升了城市文化的自豪感和居民的获得感（图2-36）。

以城市历史景观为线索，将保护、修复和活化利用历史古迹、古建筑同适应城市发展变化结合起来；保护、整饰城市历史构架，真实而完整地保护历史存续，包括传承居民日常生活的文化传统与文化生态；辨识并凝练地方性特征，以类型学方法开展修复与更新再设计。这一系列的举措再造了历史城区的文化景观个性，让历史城区在城市经济社会发展中继续发挥积极而关键的作用，并有力地提升了城市的文化形象与竞争力。

图 2-36　老县城传统街巷融入百姓日常生活

（二）实践作品荟萃

十里洋场——福州中平路特色历史文化街区

设计 / 建成　2016—2018 / 2020
中国建筑学会建筑设计奖（历史文化保护传承创新）三等奖
福建省优秀工程勘察设计奖（传统建筑设计）一等奖

修复设计强调历史特色的保持

中平路首层平面图

福州中平路特色历史文化街区位于上下杭历史文化街区南侧、苍霞历史地段北侧，是两个街区连接的纽带。它东接由中亭街（城市传统中轴线南段）南端的大桥头（解放大桥）、台江汛历史地段以及青年会等汇集而成的城市传统中轴线南端的核心节点，西端与上下杭街区中轴纽带隆平路—支前路相接，并向西与白马路衔接、串联起苍霞新城（2000 年棚户区改造工程）各多层住宅组团。中平路特色历史文化街区（东起大桥头，西至隆平路）全长约 450m，占地面积约 7.75hm^2。

该项目是台江区政府为响应福州市政府提出的每个区县市均需塑造一处特色历史文化街区的要求，将由不同属性企业实施保护再生的上下杭、苍霞两个街区的中间地带进行整合而生成的。项目涵盖历史街区保护、老旧社区环境品质提升、社区公共配套设施建设（如上下杭小学及幼儿园、社区活动中心等）。

该项目在有效整合多方业主（包括社区居民）、设计单位、施工方的基础上，强调街区与社区的融合发展，尊重居民诉求，关注街区风貌协调性、施工工艺精致性、功能业态多元性以及与南北两片历史街区的整体关联性，由此探索并构筑起城市历史保护实施与城市宜居环境塑造的共同体模式。

设计以历史信息为基础，以存续丰富的近现代建筑与独特的非物质文化遗产为资源，并加以活化利用；以商业、居住、文旅、餐饮、休闲等多元复合功能为载体，凸显历史上"十里洋场"的商业休闲特征，使其重新成为当代城市中时尚与历史特征兼具的魅力场所。此外，还通过市政公用设施补短板、环境综合整治以及"空间共治共享"的社区治理模式，让社区居民有更好的获得感、认同感与文化自豪感。

（更新建筑方案设计合作单位：上海骏地建筑设计事务所股份有限公司）

1—隆平路 131-133 号； 2—更新建筑（192-198 号）； 3—中平路 186 号（历史建筑）； 4—中平路 180-184 号（历史建筑）； 5—状元弄地块更新建筑； 6—黄培松故居；

7—轮船公司旧址； 8—大东饭店； 9—浣花庄（中平路 143 号）； 10—更新建筑（11-3 号）； 11—荔枝弄 78 号（文物保护单位）； 12—更新建筑（地块三 13 号）；

13—保留砖角楼； 14—更新建筑（地块一 2 号）； 15—南方日报社（中平路 102 号）； 16—邱德康烟行； 17—传统风貌建筑（88-98 号）； 18—传统风貌建筑（78-84 号）；

19—传统风貌建筑（66-72 号）； 20—德镜弄 4 号； 21—更新建筑（地块一 1 号）； 22—幼儿园； 23—中平路 87 号（历史建筑）； 24—更新建筑（地块三 15 号）；

25—中平旅社； 26—新紫鸾； 27—传统风貌建筑（53-59 号）； 28—更新建筑（地块三 1 号）； 29—苍霞基督教堂； 30—保留古树

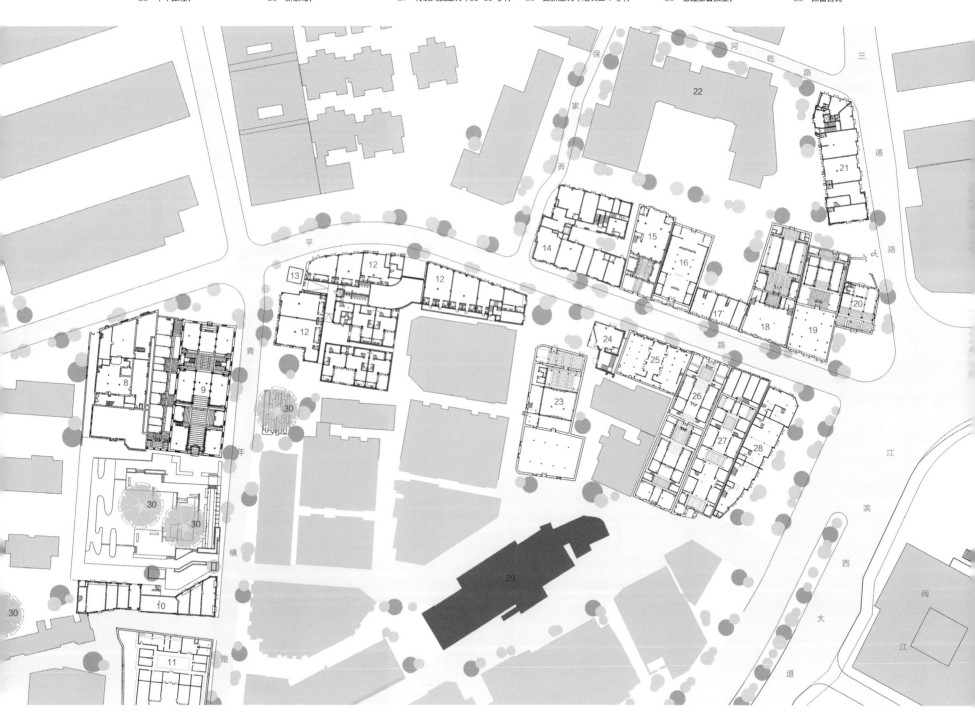

中平路北立面（历史建筑修缮）

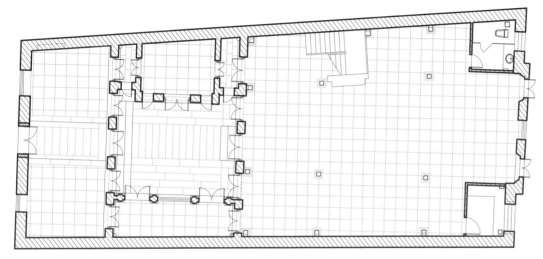

南方日报社（中平路 102 号）平面图

南方日报社（中平路 102 号）剖面图

南方日报社与邱德康烟行 | 南方日报社内景

历史存续修缮

更新织补

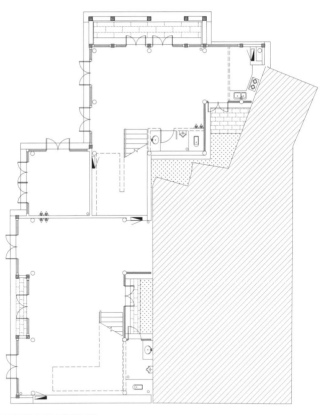

更新建筑（J13号）平面图

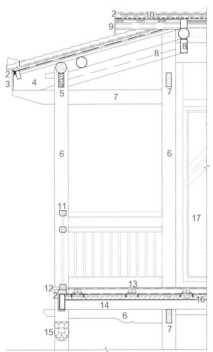

更新建筑（J13号）大样图

1—弧形扎口； 2—防水油膏嵌缝；

3—20mm 厚封杉木檐板； 4—20mm 厚杉木博风板；

5—通长杉木上槛； 6—200mm×200mm 木柱；

7—80mm 厚挑梁； 8—200mm×200mm 木柱；

9—20mm 厚杉木博风板； 10—传统瓦屋面；

11—木栏杆； 12—滴水板 140mm×40mm，泛水 1%；

13—89mm×89mm 南方松防腐木龙骨，间距 640mm；

14—80mm×100mm×6mm 钢梁，外包 20mm 厚杉木；

15—垂花； 16—10mm 厚 150mm 宽杉木板；

17—内部为钢结构

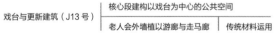

戏台与更新建筑（J13号） | 核心段建构以戏台为中心的公共空间
老人会外墙植以游廊与走马廊 | 传统材料运用

更新建筑（J13号）立面图

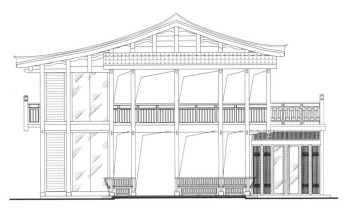

更新建筑（J13号）剖面图

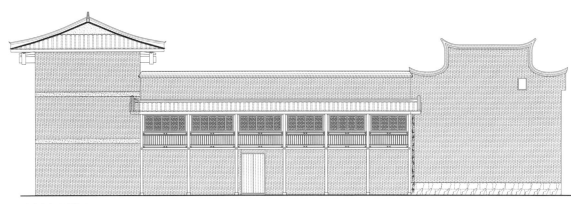

老人会立面改造图

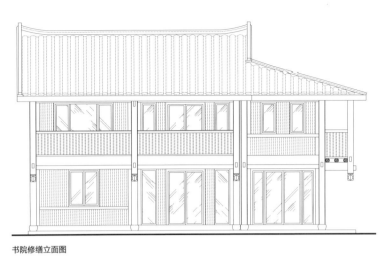

书院修缮立面图

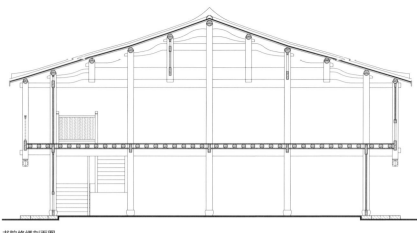

书院修缮剖面图

书院外观

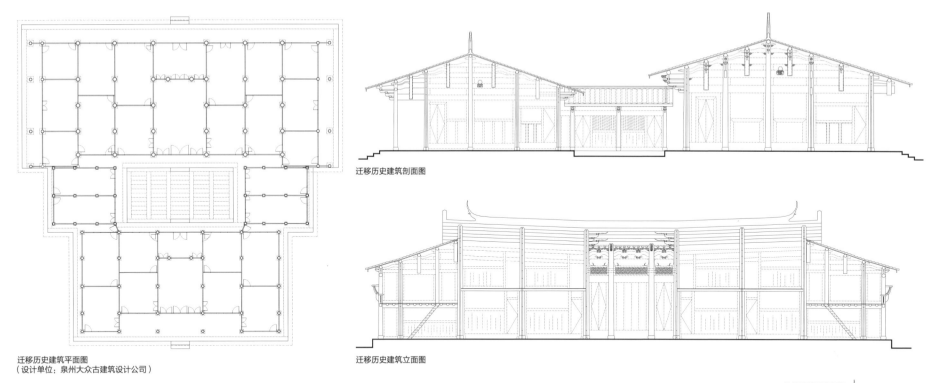

迁移历史建筑平面图
（设计单位：泉州大众古建筑设计公司）

迁移历史建筑剖面图

迁移历史建筑立面图

传统建筑特征细部 ── 传统民居特征外观

历史建筑外观

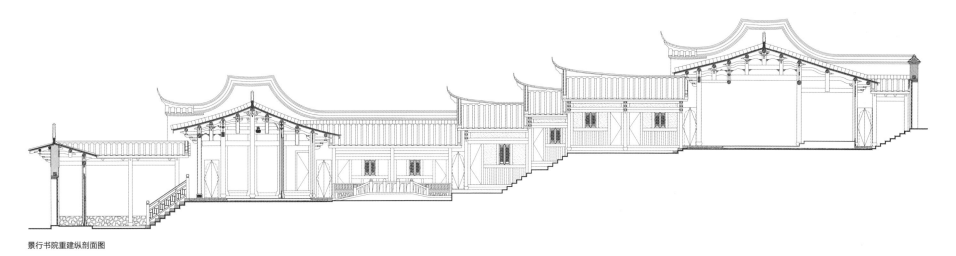

景行书院重建纵剖面图

观音亭与夯土墙保护修缮

过街亭保护修缮

邻里口袋空间

224　　在地生长——地域文化景观塑造

街区南段首层平面图

1—观音亭；   2—民国楼；   3—邻里口袋空间；

4—过街亭；   5—时光咖啡厅；   6—入口牌坊

街区咖啡厅
——————
庭院空间

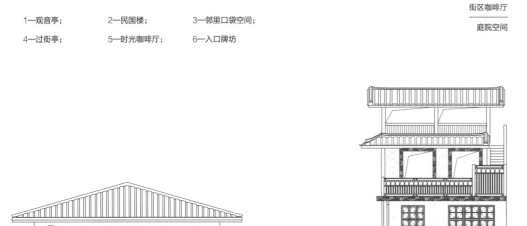

观音亭与民国楼修缮立面图

不协调建筑立面改造图

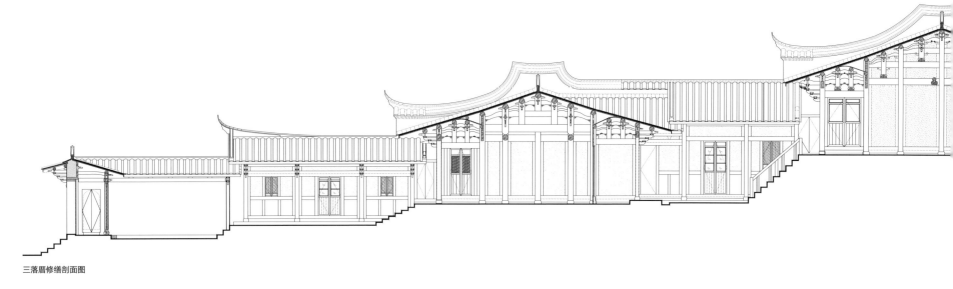

三落厝修缮剖面图

登高路新安巷口段首层平面图

1—三落厝；

2—林氏祖居；

3—游客服务中心（更新建筑）；

4—保留建筑一角

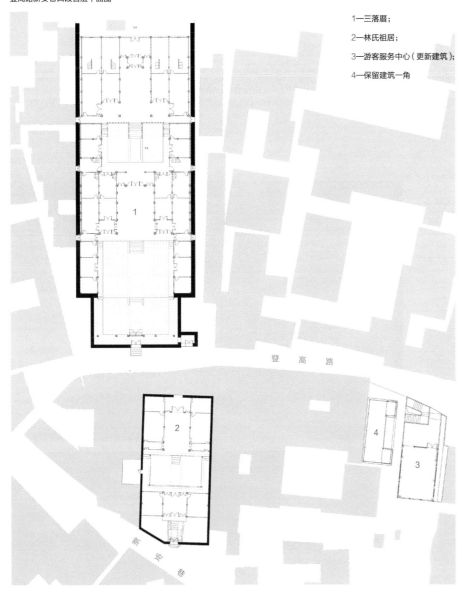

登 高 路

新 安 巷

三落厝活化利用 | 保留建筑彰显传统建筑特征
游客服务中心半室外空间

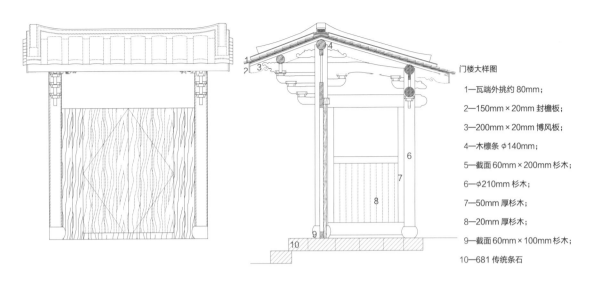

门楼大样图

1—瓦端外挑约 80mm；

2—150mm×20mm 封檐板；

3—200mm×20mm 博风板；

4—木檩条 φ140mm；

5—截面 60mm×200mm 杉木；

6—φ210mm 杉木；

7—50mm 厚杉木；

8—20mm 厚杉木；

9—截面 60mm×100mm 杉木；

10—681 传统条石

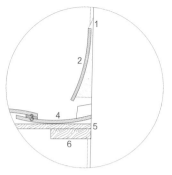

挂瓦大样图

1—混合砂浆嵌缝；　2—挂瓦；　3—壳灰扎槽；

4—本地板瓦；　5—15mm 厚杉木望板密铺；

6—130mm×30mm 椽板空档

戗脊大样图

1—230mm×230mm×
本地板瓦；

5—φ150mm 杉木檩条

整治后的新安巷 │ 小街巷修复与特色塑造（组图）

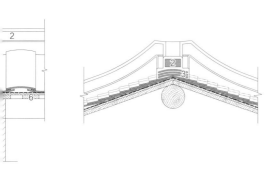

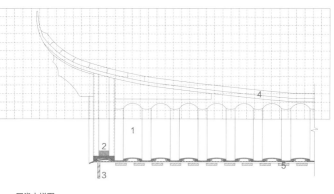

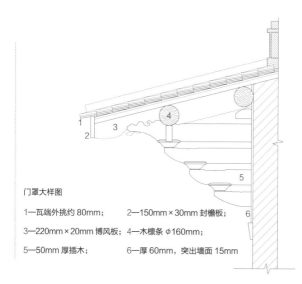

正脊大样图

0mm×120mm×60mm 3—230mm×230mm×10mm 4—20mm 厚博风板；
砖压顶；   本地板瓦；

mm 厚杉木望板

屋脊大样图

1—230mm×230mm×10mm 2—240mm×120mm×60mm 3—30mm 厚博风板；
本地板瓦；   青砖压顶；
4—240mm×120mm×60mm 5—15mm 厚杉木望板密铺
青砖压顶；

门罩大样图

1—瓦端外挑约 80mm；   2—150mm×30mm 封檐板；
3—220mm×20mm 博风板； 4—木檩条 φ160mm；
5—50mm 厚插木；   6—厚 60mm，突出墙面 15mm

街市制活化石——莆田兴化古城

设计 / 建成　2020—2022 / 2022

福建省优秀工程勘察设计奖（传统建筑设计）一等奖

| 庙前街北入口牌坊

该项目位于莆田市城市核心区。街区始建于宋太平兴国八年（983年），兴化军移置莆田县城（今荔城区）并扩县城为军城（子城）。明洪武元年（1368年）改兴化军为兴化府，故称兴化府城，街区则由此被称为"兴化府历史文化街区"。街区总占地面积约17hm²，由南北走向的大路街—庙前街、县巷与东西走向的坊巷、后街—衙后路等构成，是"坊巷制"（"街市制"）格局的聚居模式。大路街—庙前街是街区的中轴纽带，各街、巷、路仍充盈着浓郁的街市气息。

设计在全面认知街区空间格局特色及历史价值的基础上，依循相关遗产文献、保护准则及规范，提出基于价值研究的技术路线，并通过洞察、发现地方文化景观个性，梳理、凝练其类型学要素的方法，再造街区地方文化景观的独特性。

基于街区仍是古城居民生活的鲜活空间场所，我们提出了"人与房子一起保"的整体保护思路，遵循历史真实性、生活延续性、居民共同参与性等保护原则，以微循环和逐步推进的保护再生方式，维持社群结构的稳固性；通过完善基础配套设施与消防安全保障体系，整体提升居住环境品质；传承传统文化体系和生活方式，支持居民寻求适应当代城市要求的发展与变化，促进历史文化保护与居民日常生活的融合，让历史街区得以持续、健康地迈向未来。

修缮、活化文物建筑与历史建筑，发掘街区历史文化，构建主题丰富、形态多元的博物馆集群，同时融入文旅等活力业态，强调互动式展示体验。在保持各街巷商业店铺既有专业行市特色的同时，再植入适应当代城市生活的时尚业态。保持各街块内以原住民为主体的社群结构，"见物见人"，延续传统文化体系与生活方式。街区内拆除的不协调建筑，除作为必要的公用设施配套建设用地之外，以"留白"增绿、建构多层级公共空间为主，并疏通各条巷弄，形成密集的路径网，从而串联起各类文物古迹、体验空间，让大街小巷和院里院外实现历史文化"亮出来"、历史遗存"活起来"的设计初心。

城隍庙

三清殿

东

路

北

街

东

梅

园

路

北

利

胜

庙

路

街

巷

大

文

献

东

路

1
2
3
4
5
6
7
8
9
10
11
12
13
14
15
16
17
18
19
20
21
22
23
24
25
26
27
28
29
30

夜景呈现街巷格局 | 修复后的街区肌理

"街市制"之呈现

1—长寿伯棠医院；

2—庙前宋氏民居；

3—林扬祖故居；

4—长寿社节点；

5—林扬祖故居东落

庙前街、后街交叉段首层平面图

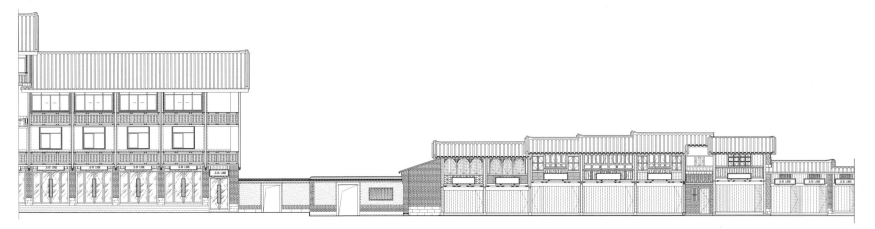

庙前街林扬祖故居段立面图

1—白塔寺； 2—老码头； 3—福建会馆； 4—五大院； 5—游客服务中心； 6—抚河； 7—杨家塘

文物保护单位

历史建筑

更新建筑

在建筑外观方面，设计对街区存续的各类建筑立面材料、细部、色彩等要素进行归纳整理，形成类型学谱系，并特别关注区别于其他地区的独特性要素及细节构造做法，在更新建筑中加以类比演绎与改造。此外，我们还强调通过新建筑的新语汇植入，赋予街区时代性。设计通过对存续建筑真实性与完整性的保护、新建筑对强化街区风貌特征的意义，整体再塑了街区独树一帜的地方文化景观个性。

在街区业态策划方面，设计强调传统书院教育文化、商帮会馆文化、航运商贸文化与当代文旅业态（文化创意、美食体验、精品民宿等）的融合，并与其东侧的《寻梦牡丹亭》演艺场景园互动，营造集旅居、商业、美食、文化体验于一体的且具有持久活力的复合街区。

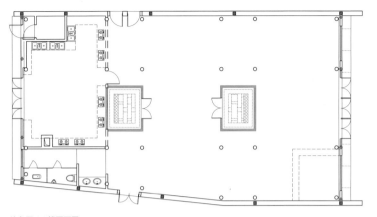

汝东园 A1 楼平面图

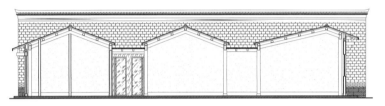

汝东园 A1 楼剖面图

A1 楼沿街景观 ｜ 前进路西侧沿街景观

前进路东侧历史建筑沿剧场景观

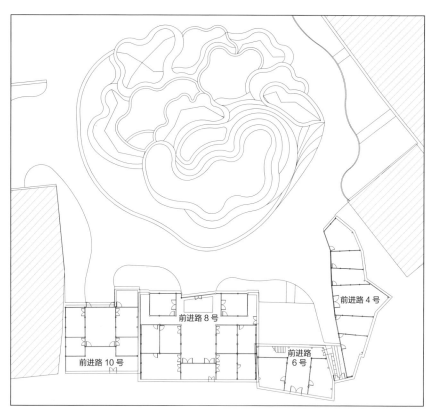

前进路历史建筑修缮平面图

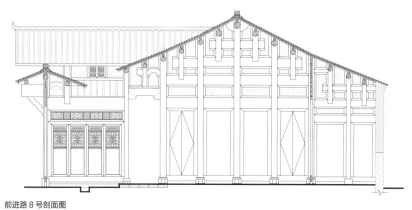

前进路8号剖面图

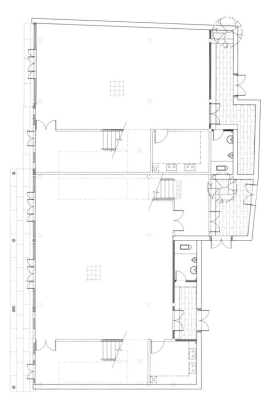

关口巷更新建筑平面图

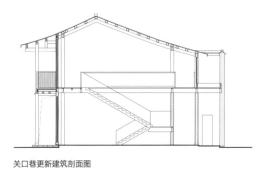

关口巷更新建筑剖面图

关口巷更新建筑 | 河东湾直街北段沿街景观

汝东园沿街组合立面图

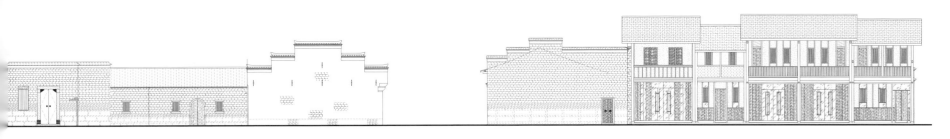

之一。其位处闽江入海口，一直是防卫福州的军事咽喉要塞，同时，又是重要的海关口岸，为省城第一门户[1]。唐代建迴龙桥、开设邢港，设税课司，向外国商船征税、稽查走私等。宋代设巡检司，清末设闽海关闽安分关。清同治至光绪年间，闽安海关以强有力资金支持开办马尾船政。明清两代，琉球国进贡船舶均在闽安镇港检查封舱后，再择日驶入福州城内河口港（即南公园河口街区）。闽安古镇闽江段古称"闽安镇港"，为福州参与全国六省九市联合申报"海上丝绸之路"世界文化遗产提供了重要的历史佐证。

在军事方面，历代朝廷均在闽安驻军，利用闽安镇三面环山一面临江的有利地形，构建城寨结合的防御体系。唐末，福州观察使陈岩在莲池山高地建高山兵寨城堡，布设兵营。至清代，闽安形成了以镇（石头城）为核心、周边乌猪岭乌猪寨、棋盘山东高寨、西北高山中的白眉山鹦哥寨、莲池山高山寨、蝤蜞洋登高寨、石龙山石龙寨以及闽江中的负山水寨[2]等"一城多寨"的完善防御体系，并由此形成军事重镇独树一帜的空间结构形态与历史遗产。此外，为了固守福州城，还于闽江航道两岸各要塞处设置炮台。闽江出海口的海门琅岐凤窝村金牌山与对岸连江琯头长门山设炮台作为第一道防线；闽安镇北的亭头设南般北岸炮台（现为国家级重点文物保护单位）与南岸长乐象屿炮台（南岸炮台）作为第二道防线，并扼守闽江；马尾马限山炮台则为第三道防线；在林浦及其对岸魁岐、胣头设炮台，此为第四道防线；最后，在城市中轴线延伸处的闽江中洲岛设中洲炮城，并于南岸的烟台山上设报警烟墩，共同防卫省垣（图3-7）。

清初，闽安总兵府建立，在闽安成立了我国第一支水师，称福建闽安水师。在城内港邢港河两岸建左、右营营房，并于

邢港南岸（今草尾街）设厂造舰船，邢港为舰船停泊地。闽安水师巡防水汛，广达东南沿海数县。与此同时，清朝廷又于雍正七年（1729年）挑选驻防福州城老四旗的513名官兵携家眷进驻长乐琴江，围地筑城，建立三江口水师旗营[3]，与闽安水师成掎角对峙，守卫省城。水师营以城建制，设东西南北4座城门，城内建有将军行辕等12座衙门。有首里街、大街、太平里等12条街巷，街巷、建筑整齐划一，布局巧妙，有"旗人八卦城"[4]之称。琴江旗兵水师营今已演化为福建省内最大的满族聚居村——琴江满族村。2010年，琴江满族村被

评为中国历史文化名村，2012年入选第一批中国传统村落保护名录。

清顺治十五年（1658年），朝廷在闽安巡检司衙门原址建水师协台衙门（今为省级文物保护单位），主官为副将级。巡检司则迁往东侧的闽江岸。清康熙二十二年（1683年），台湾收复后，闽安水师兼负戌台任务，驻防官兵三年一轮换直至台湾被日本占据。闽安虎头山戌台清军义冢葬有135位将士的遗骸，清军义冢现为国家级重点文物保护单位。与台湾密切关联的文物古迹还有闽安镇的城隍庙遗址、南般炮台东南

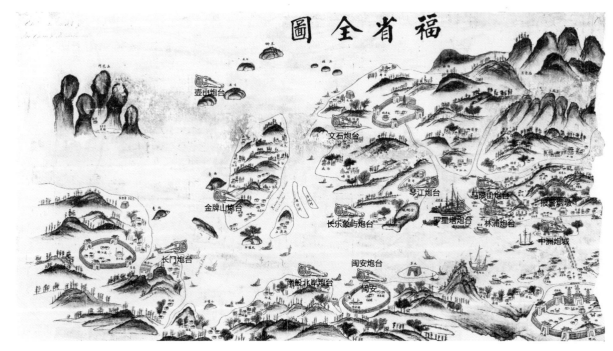

图3-7　福州古代海防示意图（图片来源：福建省图书馆）

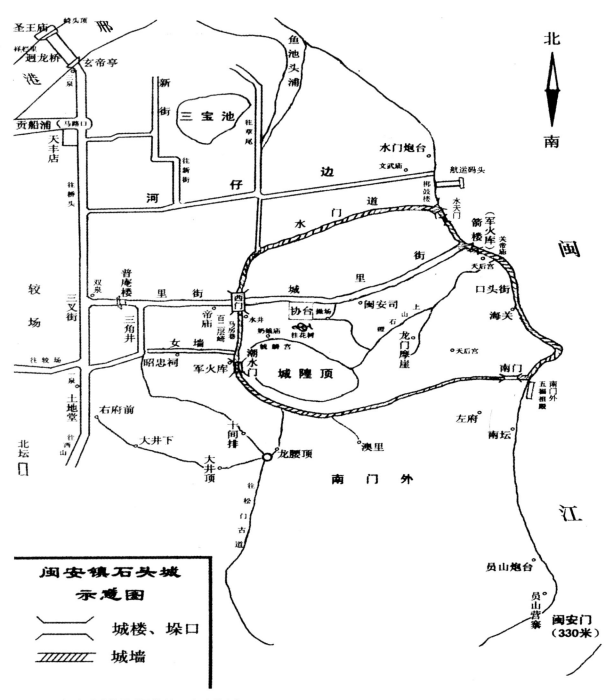

图 3-8 清·闽安古地图（图片来源：闽安镇志）

280 | 在地生长——地域文化景观塑造

向的郑爷鼻山岩等。清康熙年间，施琅大将军在收复台湾后按闽安城隍庙样式在新竹、金门两地亦建了城隍庙。郑爷鼻是闽安棋盘山山脉伸入闽江口的余麓，原称转弯鼻，因民族英雄郑成功在此驻泊水师抗清以及收复台湾而被乡人誉为郑（爵）爷鼻。

通过梳理闽安镇独特的空间结构以及闽江沿岸的军事防御体系和海丝商贸关联性要素，此保护与再生设计为建立以闽安镇为核心的全域乡村文旅产业体系，并将其融入马尾船政文化园乃至与福州闽江大旅游体系相连接提供了逻辑构架。

在对古镇本体历史特色的梳理中，我们亦特别关注其军事重镇与商贸口岸的独特结构，尤其是街巷与漕运水系的肌理特征、呈残迹存续的历史表征物（如古城墙、城隍庙、贡船浦、三宝池埕等）的历史关联性（图 3-8），以及对历史存续的各类风貌建筑特征的洞察与提炼，力求在保护与再生设计中能再现其整体的独特性，建构起易于理解的视觉感知意象，增强其作为乡村振兴载体的持久魅力。

2019 年，位于福州城区北部的新店镇古城村闽越古城遗址保护设计项目则是我们思考以遗址公园建设促进乡村振兴的一次难得的实践机会。新店闽越古城遗址为省级文物保护单位，南距屏山公园约 5km。遗址埋藏区占地规模约 38hm²，整个古城遗址由内城和外城组成。内城居北，城址范围较明确，形态呈长方形，东西宽约 310m，南北长约 287m。考古发掘出东、西、北三段内城城墙遗址，东段夯土城墙经碳 14 测年，似可断定为战国晚期遗址（距今约 2350 年）；外城居于内城之南，已探明的西城墙长达 1030m[5]，具体城址范围还不可考。新店古城考古还发掘了战国时期的炼铁炉遗迹，有炉底石座、炉膛、陶范和大量的铁渣，说明在春秋战国时期福州地区就开始了人工冶铸,为闽越地区"善治"提供了实物证据[6]。

相对于福州历史城区内的冶山冶城闽越国宫殿遗址,新店闽越古城的历史更为悠久。但是,鉴于考古发掘尚不充分,仍存在许多不确定性,对古城的性质也有争议,且其呈现出的遗址可读性也不强,加之要解决与冶山遗址区的历史关联性以及村庄内百姓日常生活关系等问题,因而设计难度更大。

关于古城性质,考古专家的意见并不一致。古城考古发掘者认为,战国晚期无诸自封为闽越王时的王城;也有学者认为,闽越王无诸冶都就在城内的冶山冶城;还有学者认为,闽越国王城在冶山,新店古城是其卫城[7]。我们综合考古研究成果以及福州地区水陆地理变迁的历史资料,认为新店古城应早于冶山冶城,赞同此"当是福建迄今所知最早的古城"[8]。基于此认知,在保护古城遗址历史信息真实性、完整性的基础上,我们强调要"让文物古迹活起来",通过设计强化古城遗址的可读性与趣味性,并以适宜的研学与文化活动让存留下来的历史建筑得以有效活化利用,从而带动古城村的产业振兴。同时,让遗址公园成为百姓日常生活的活力场所,进一步提升村民及周边居民的文化自豪感与获得感。

设计首先从更为宏大的时空视野着手,讲述闽江下游(福州地区)史前原始聚落至战国晚期福州城市产生及其与水陆地理变迁的历史关联性。遗址公园入口广场展现了大幅地雕,它与城区内冶山春秋园的福州古城城池演变地雕图相呼应,呈现出先人傍海而居、逐海而兴的独特场景。同时,我们还将考古发掘出的壳丘头文化、昙石山文化、黄土仑文化以及闽越文化等以类比考古史层的石块层叠起来,形成景观石雕柱(图3-9)。它既作为公园的可识别性标志物,又展示了考古

成果,并强化了遗址公园的空间场所特性。而在园区核心处则置入石雕组群,彰显战国晚期诸侯争霸、无诸于公元前202年被汉高祖复立为闽越王的事迹(公元前334年,楚威王灭越国,越王勾践子孙一支入闽,与土著闽族人融合,形成闽越族,至十三世孙无诸建立闽越国,以及秦末无诸佐汉击秦有功),并与冶山公园内闽越王无诸开疆拓土、发展闽中的历史功绩主题浮雕相衔接(图3-10)。

图3-9 类比考古史层景观石柱

设计还以"历史纪录片"的形式组织园内游线体验,以不同的公共艺术表达闽越人的生活场景,如以剪影透雕表现闽越人庖厨场景,以虚位以待的雕塑将游人带入汉时宴饮情境。而在保留的两组历史建筑场景的塑造中,我们则强调当代乡村的生活氛围,并创造出历史、当下和未来相衔接的意象。

针对新店古城遗址公园的设计结构,我们以既有村道——革新路为主轴,通过铺撒砾石将三处城墙遗址连贯起来,构筑

新店古城

冶山春秋园

图3-10 新店古城与冶城雕塑主体的关联性

了"门"形的内城轮廓。在主轴南端我们设置了 12m 高的文化史层叠石柱,并作为园内主题标志物;在主轴北端古城遗址外设置遗址公园主入口广场,特别是主入口处的两段类夯土城墙,既是门阙又是公园的入口标志。广场北侧则通过城市道路连接起古城山南麓的儿童公园、动物园及国家森林公园,这在一定意义上重现了古城与自然环境的关系,并将遗址公园纳入城市北部生态旅游体系,为北峰山区乡村文旅产业集群的形成发挥了积极作用。

在古城旧址范围内除了保留利用既有历史建筑与风貌建筑以及大乔木之外,设计以"最小干预"为原则,对场地进行大量留白,坚持不种植根深的乔木以及扰动地层的大体量建(构)筑物,而以大面积深灰砾石与草地,结合苍劲的海礁石、古朴的卵石矮墙,营造了幽远而充满历史感的环境基调,表达出一种比闽越王无诸时代更古远的历史氛围。

对于遗址保护区内的古城村,设计根据保护规划拆除了各类大体量办公及厂房建筑,仅征迁了少量与遗址有冲突的民房,而大量民房则作为暂留建筑并列入乡村环境综合整治议程,整饬其风貌以弥补设施短板。毕竟,古城村曾伴随着古城历经千百年的演进至今,也必须一起持续走向未来。为此,我们引入"活态遗址公园"的理念,希冀通过旅游体验的构建,让原住民自觉成为遗址保护的主体力量,并与各方游客开展跨文化交流的对话,让遗产地价值得到多元诠释,更加明了在地文化的重要性,也令古城遗址更具感染力。

3.2 乡土景观保护与再造之策略和方法

十余年来,我们不仅着力于城市遗产保护以推动城市文化

景观个性的再造,而且致力于不同乡村的历史特色保护并探究乡村独有文化景观可持续营建的多元途径。在不断的社会实践中,我们逐步梳理出乡土文化景观保护与特色再造的相关策略和方法。

3.2.1 村落保护与振兴应纳入城市及其地区发展中

乡村不是孤立存在的,它是所属城市地域空间最为基础的聚居单元。乡村在历史演进中或因其独特的地理环境,或因所属城市的独特关系而发展起来,并构筑出各具特色的文化景观。因此,我们谈论乡村振兴与特色保护也应从城市及其地区发展的大背景去思考,并重新确立每个乡村经济社会发展的定位与目标。2009 年,我们在福州鼓岭避暑胜地的保护与再生设计中,不仅关注其核心区再生,而且结合城市经济社会发展目标,明确提出将鼓岭与鼓山国家风景区作为一个整体,建设为一个占地面积 80km² 的国家级旅游度假区,并对景区内的 17 个自然村,依据其历史特征与自然禀赋及其与核心区的关联程度,给予不同的发展定位。如今,福州鼓岭度假区核心区的宜夏村等村落已具有可持续发展的内生动力,村民的闲置房产得到盘活,或自营或引入社会资本经营,并办起了有情境、有故事、有品位的客栈与民宿达 109 家,还有客房 2042 间;宜夏村西侧的过仑、嘉湖等村落亦逐渐聚集起特色业态。随着福州鼓岭国家旅游度假区的发展成熟以及知名度的不断提升,景区北部、东北部的鹅鼻、南洋等村落的产业振兴也在大力实施中。

福州闽侯大学城内的侯官村保护与再生项目,为我们探索城乡融合型村落的发展创造了机会。侯官之名始于西汉。汉武帝于元封元年(公元前 110 年)灭闽越国,"迁其民江淮间"[9],遣军镇守闽越故地,设东部侯官,此为"侯官"名称

之始。东汉建安初年衍化为城邑名,曰侯官县,县治设于福州冶山西汉冶城。隋代大量省并州郡县,福建地区仅留建安郡及闽、建安、南安、龙溪四县。唐初析闽县复置侯官县,治所设于今侯官村,后移州城内。据明《闽都记》记载:"侯官市,古侯官县治也。唐武德六年(623 年),置县螺江之北。贞元五年(789 年)为洪水漂没,观察使郑叔则奏移入州城,遗民廛居,城市里社巍峨,有石塔临于江滨,其山名龙台,与赤塘山并峙"[10]。侯官村作为唐代县治所在地达 160 多年,地名延续至今约 1400 年,2019 年被列入福建省地名文化遗产"千年古村落"名录。迄今还存续着始建于置县时的城隍庙、镇国宝塔(图 3-11)、古渡口及石雕等千年遗构,是其唐初作为县治的历史证据。

闽江流入福州城后分歧为北港(白龙江)、南港(乌龙江)。侯官村位于南港南台岛怀安头的对岸(西岸),此处称为上三江口,此段闽江旧称螺女江。西岸为旧侯官县治,东岸为旧怀安县治,各于县衙临江畔设有渡口。侯官村襟山带水,形胜天成,土地面积约 2.5km²。县治废后,侯官村于宋代演变成福州城西部的一大集市,至明清时期已一派繁荣景象。明代尚书曹学佺游侯官市时有诗云:"解缆已更市,榜歌犹未残。镇村垂桔庙,拍水漂麻竿。日泻帆光淡,江澄塔影寒。驿楼经再宿,亦觉别情难。"[11]20 世纪 80 年代后,随着陆上交通发展,古渡口功能已不复存在。如今,侯官村已成为福州大学城中的城中村。古县衙旧址所在的华棣山也因开设新的水道而使其山水环境得以改变,但其村庄的基本格局仍较完整存续,文物古迹、历史与风貌建筑留存丰富。在设计之初,我们就确立以真实保护历史遗存与历史特色为根本原则,以修复贯穿村落南北的上、中、下市结构格局(街市轴)为切入

点，再造村落整体街巷网络格局，并以此网络格局连缀起丰富的历史遗存点（图 3-12）。设计尤其关注街市轴与古县衙区域的古渡口、镇国宝塔、螺女庙、城隍庙等的历史关联性（图 3-13），同时通过再塑特征历史空间轴，增强千年古村落的独特历史意象。此特征历史空间轴南端连接省委党校及大学城，北端连接古渡口，并与滨江游步道相接，向西与福建省国宾馆景区有机整合。由此，特征历史空间轴将古村落有机融入大学城区的总体空间结构中（图 3-14）。在古村落功能定位方面，设计一方面尽量保持其以居住为主体的功能特征，维护古村落的传统生活习尚；另一方面结合已闲置的民居建筑及其他可发展用地，植入适宜大学城区师生生活的文旅、文创与研学业态，将传统乡村生活方式与现代城市生活方式相融合，从而提升古村落的再生动力。此外，我们还注重村落西侧大小不一、错落分布的菜地、果园以及沿闽江岸农耕地与湿地的保护，让作为都市中的乡村仍存续传统村落中独有的自然山林、田园与建筑融为一体的有机特征，并保持村落文化景观的完整

性。目前该项目的设计与建设还在持续进行中，并被纳入福州闽江旅游大体系规划，且与对岸的怀安古县城、古窑址公园建立了水上游线的连接。

3.2.2 重塑村落整体独特性，强化体验感知魅力

"旅游的本质是文化活动、教育活动。"[12]乡村聚落因特定族群与其所处地区的关系而呈现出丰富多样的文化景观特征，这是世界文化遗产不可或缺的重要组成部分，并日益成为跨文化交流与旅游的重要对象。但随着全球化与现代化的不断发展，许多富有独特性的乡村聚落却被植入的现代建筑所瓦解。在此情形下，如何通过梳理并再造各乡村文化景观个性以促进在地社会经济发展，便成为当下有价值特征的乡村聚落振兴的重要课题。乡村的特性不可能仅凭单体建筑来呈现，而是要以"有典型特征的建筑群和村落来保护乡土性"[13]。陈志华先生明确地提出乡土文化景观保护要以村落整体作为研究对象，这样才能抓住其特征，因为"只有一个个村落的独特性，才能汇合成中国乡土建筑的丰富性和生动性"[14]。因此，乡土聚落保护再生的首要任务"就是要从看似模糊混乱之中提取出潜在的结构和个性"[15]，同时去发现并强化其与众不同的结构与场所特性。

前文所述的鼓岭宜夏诸村落，在经历了从山村到避暑胜地、再到特色消失的村庄与各类培训中心以及私人别墅等无序建筑集合体的转变之后，仅存的数十幢历史建筑多消隐于当代高大但不协调的建筑群中。再生设计之初，我们就提取其结构特色作为设计的切入点。通过历史文献、老照片、老地图的查阅，结合现状航拍图与实地调研考察，逐步梳理出村落独特的历史结构，明晰了其整体地貌由诸山丘组成、建筑多沿向阳坡

图 3-11 唐镇国宝塔

图 3-12 侯官村整治后

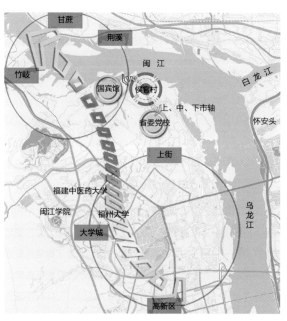

图 3-13 侯官村与大学城关系

图 3-14 侯官村整治提升方案

呈疏朗的簇群状依山就势布局、山谷地多作为开敞绿化等公共空间的格局特征；而串联各组团的主干路皆依山势连接起曲折蜿蜒、复杂多变的山丘，并与福州至连江、鼓岭的古道相接；别墅建筑或由独立路径，或以树枝状串联多幢建筑，然后再与主干路连接，整体呈现出树枝状的路网结构形态。

依据宜夏诸村独特的历史结构特征，并结合现实的可操作性，我们确立了以下设计原则："以疏解堵"，重塑历史特色结构与空间；将历史建筑特征要素（缓坡四坡屋顶、青石蛎壳灰勾缝墙、白色木百叶门窗）（图3-15）发展为母题元素，在历史建筑修缮、不协调建筑立面改造及环境景观设计中加以运用，以重塑宜夏度假区整体连续的特征体验感知。如在景区核心节点处——柳杉王公园南侧地段，我们清除了数幢多层建筑，利用地形高差设置了游客中心、规划展示厅及地下车库，地面形成台地式开敞空间；在老街西南入口处，同样利用低洼地设置车库，平台上布设单层宽外廊式咖啡厅，通过拆除"留白"，或织补新建筑，改造民房立面以及整治提升20世纪90年代修建的公园，重塑了"在向阳山坡地布置建筑，而在山谷地形成开敞空间"的历史特色空间结构。

在具有文化重要性的历史场景再造中，我们不仅强调建筑本体的保护与再利用，而且关注特征环境的修复。通过清除紧邻的、不协调的高大建筑，重现由柳杉群掩映的历史情境，如鼓岭夏季邮局、公益社（外国人度假俱乐部）以及加德纳别墅与富家别墅环境修复等。对于新建筑以及特征空间环境的塑造，设计以类型学为方法，依据不同环境的特征进行不同类比度的参照设计，这既体现根源于历史、又表达当代的创作理念，如景区西入口的游客中心、映月湖公园主题客栈以及各景点的游客服务配套用房的设计等。

对闽安古镇的保护再生设计，我们一方面立足于整体结构特色、历史风貌特色的保护与强化，彰显其以军事文化与海丝文化为主题的场所特性；另一方面则通过与闽江两岸周边地区历史遗存关联性与脉络的重新嫁接，将其纳入海丝文化、船政文化与海防文化的遗产体系，主动承担起福州闽江水上旅游的重要节点角色。

相比于闽安古镇，福清一都村的整体历史风貌存续良好，沿龙屿溪岸的古街历史特征鲜明，沿街建筑多为历史存续，仅街北侧部分段落插建了新建筑。古街区依溪岸由东南向西北平缓蜿蜒，村落格局形态完全契合龙屿溪水脉与石滩地脉，并融入广袤的大自然之中，同时构筑出独树一帜的村落整体结构。设计通过新建街区旅游配套建筑等，有机织补了古街的肌理走势，强化了古村落的空间结构特征，又将其与东北部的状元故里连缀起来。沿着溪岸环境，我们则做适当的"留白"处理，梳理出多处呈凹入状的"舞台式"开敞空间，增强溪岸建筑集合体肌理与溪水的耦接，并通过水岸生态修复，重塑了村落与自然山水紧密的结构关系，强化了古村落空间场所的独特性。在建筑设计层面，我们则紧紧抓住一都村处于永泰与福清交接部而呈现出的细微差异：建筑风格总体上与永泰粉墙黛瓦相似，但又体现了福清红砖红瓦的建筑特性，如在灰瓦屋顶的檐部滴水与扎口部位采用红瓦、门窗框及外墙转角柱采用红砖砌筑等特征做法（图3-16）。在历史建筑与风貌建筑修复以及新建筑的创作中，设计通过突出这种差异性，强化其独特个性意象。

3.2.3 发展乡村建筑学，坚持本土营造

特定地区的乡村聚落因其特定的传统建筑体系、在地材料

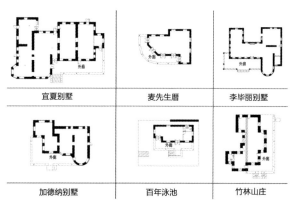

宜夏别墅	麦先生盾	李毕丽别墅
加德纳别墅	百年泳池	竹林山庄

图3-15 鼓岭历史特征要素凝练（图片来源：鼓岭历史建筑调查汇报文本）

永泰

一都

图 3-16 永泰与一都特征差异

图 3-17 永泰传统工艺比拼大赛

与技艺而呈现出鲜明的风土性。正如《关于乡土建筑遗产的宪章》（1999 年）所指出的："与乡土性有关的传统建筑体系和工艺技术等对乡土性的表现至为重要，这也是修复和复原这些建筑物的关键。"[16] 当今，我们要保护并维持每一个古村落独一无二的乡土特性，彰显其根植于自然场所的风土特性。首先需要敏锐地洞察由这种差异性而呈现出的个性化特征，而后将建筑整体分尺度、分层级进行剖析，理清材料、结构及构造工艺逻辑与"地域匠作特征"[17]，并将地方工匠传统技艺上升为建筑学层面进行研究，通过项目设计与实施逐渐培育出充满人文与乡土情怀的乡村建筑学。正如专门针对亚洲地区文化遗产的《会安草案》所指出的："传统建筑技术、工匠技术和原料生产的衰退，在有些情况下甚至是丧失。传统的师傅带学徒的教学体系正在这一区域逐步瓦解。我们亟须通过培训、制度支持和创新方法为这些领域提供支持……"[18] 让地方传统工匠能跟上乡土景观保护的步伐，是当下亟须解决的问题。

福建永泰县作为"全国休闲农业和乡村旅游示范县""国家全域旅游示范区创建单位""建筑之乡"等，拥有丰富的历史文化遗产——3 个国家历史文化名镇（村）、26 个中国传统村落、45 个省级传统村落以及 5 个省级历史文化名村，其独特的庄寨群更是被列入第八批全国重点文物保护单位，也被世界建筑文物保护基金会列入 WMF2022 年世界建筑遗产观察名录。但永泰县也同样面临"师傅带学徒"教学体系瓦解的局面。为此，永泰县政府从 2020 年开始，专设占地 3 万多平方米的传统建筑文化园用于举办传统建筑工匠技艺竞赛及成果展示，通过一年一次的竞赛来传承传统石墙基、夯土墙、木作、泥瓦作等各工种技艺，弘扬传统工匠精神（图 3-17）。此外，还通过多种现场培训形式，培育更多年轻的能工巧匠，这在一

定程度上缓解了传统营造技艺后继无人的问题。为了呼应此议题，我们设计团队在永泰传统村落保护与乡土性的再造中，针对同安镇三捷、洋尾两个村庄的联动保护与振兴项目，有意识地通过与在地工匠师傅建立良好的互动关系，探索出了一条传统营造工艺传续的新途径。

三捷、洋尾两个村庄的村口都有一座庄寨。洋尾村庄寨叫爱荆庄（又名美祚寨），三捷村庄寨称仁和庄（青石寨），二者相距约 1km，以县道相连。永泰庄寨是一种具有防御功能的院落式民居群，多由主落、侧落（护厝）等多落建筑组成，集生产、生活（包括居住、私塾、祠厅等）于一体。与一般民居大厝不同的是，庄寨建筑皆筑有高大、厚实、坚固的寨墙，四角设碉楼、跑马廊、铳口、箭口、马面等功能齐备。寨墙一层多为毛石砌筑、二层为夯土墙，寨墙及其上覆的坡屋顶随山势层层自然跌落，蔚为壮观。永泰庄寨是农耕社会家族聚居的形象表征，也是传统乡绅文化的记忆载体。

爱荆庄始建于 1832 年，占地面积约 5200m²。寨名因始建者鲍美祚出于对其妻的宠敬而取名"爱荆"。寨墙采用淡黄色的毛石砌筑（有别于仁和庄等多以青石砌筑），各类装饰、雕刻亦都有精妙的寓意。更为独特的是，爱荆庄还专设"媳妇斋"，以给女眷读书之用，因而被誉为传统乡村"女绅文化"载体的孤本。[19] 保护修缮后的爱荆庄，将寨内闲置房屋开设为集藏书、阅览、休闲为一体的开放式书吧，以传承耕读文化与女绅文化。

仁和庄建于道光十年（1830 年），占地面积 6000 余平方米，是永泰庄寨的经典作品，集中体现了永泰庄寨空间布局、防御设施及地域建筑文化特色，为国家级重点文物保护单位。仁和庄保护修缮后活化为耕读文化博览园与永泰传统建筑

研学馆，每年举办耕读文化艺术节，卓有成效地推动了庄寨文旅产业的发展。

首先，我们团队的设计工作通过修建贯通两个乡村的河渠游步道，将两个不同个性的庄寨以逶迤于田园风光中的游步道连接起来，强化庄寨与山水林田的有机关联，重塑乡土村落景观的完整性（图3-18）。其次，设计结合荒杂地的挖掘营造了乡村特征场所空间，如在三捷村村口东侧将一座废弃的木构建筑、已建的旅游公共卫生间及三角绿地与其东北侧的一座古桥通过空间整合、传统木构连廊织补，从而塑造了一处具有强

烈乡土特性的空间场所，这既为村民日常生活提供休憩交流空间，又成为游客与村民跨文化交流的重要场所。修复后的木构建筑活化为村民阅览室、乡村书吧，其架空层则作为儿童游戏空间。公共卫生间旁新建了小卖部，与木构连廊共同围合出一处半开敞空间，作为乡村露天影院（图3-19）。对传统木构建筑修缮及木构长廊的营造，我们则刻意邀请老工匠来实施，并组织有兴趣的在地年轻工匠观摩学习，以现场传帮带方式培育在地工匠的营建技艺。此外，我们还将地方传统竹编技艺应用于景观构筑物，营建了具有地方独特性的景观标识物，进一步强化了场所的乡土特性。

在闽安古镇保护再生设计中，我们先期就对其历史存续的各类建筑进行类型学的研究与归纳，梳理出特色鲜明的"砖石＋木构"编织类型与构造做法。闽安盛产石材（白梨石）且质地好，可用于城墙、建筑及院墙与路面铺设等，石料规格与砌筑方式多样，或与青砖有机编织，或以石为主、缀以青砖线脚，或以砖为主、嵌石其间，再与木构坡屋顶巧妙组合，衍生出整体统一却又变化丰富的独特"石头城"意象，给人以深

刻印象（图3-20）。设计结合当代建筑对构造安全及物理性能的要求进行了创新性的组合，引申出一种颇具新意的当代风土性建筑词汇。而对于环境景观设计，我们坚守传统材料与传统工艺做法，如用条石板铺设地面，则摒弃使用混凝土垫层而选用碎石垫层；树池采用下沉式，四周架以条石板以形成休憩坐凳，它发扬了传统构造中的海绵性能；驳岸、矮墙等砌筑，同样坚持传统草泥坐浆的做法，让草能从石缝中长出（图3-21）。而对邢港河入闽江口处的石拱桥建造，则要感谢施工方詹先生请来尊翁——造桥老匠人现场指导施工营造，按传统石材、传统工艺建出古朴的石拱桥，让传统技艺得到接续传承。具有地方特色的新建筑与传统特色浓厚的景观环境有机融入古镇的历史氛围中。

而在一都古村落环境的营造中，我们延续并强化其地处山区溪水畔、构筑材料采用毛石与溪卵石以草泥浆砌筑的传统做法。同时，在营建过程中也多请在地老工匠参与砌筑、铺设，让传统建造技艺得以传续，又赋予村落空间场所强烈的风土性。希望修复再生后的村落，能富有陈志华先生描述

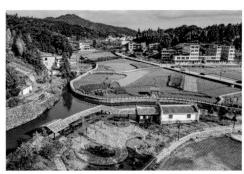

图3-18　永泰三捷村、洋尾村总平面图

1—仁和庄；
2—露天电影院；
3—乡村图书馆；
4—县道；
5—沿溪游步道；
6—爱荆庄

图3-19　乡村露天电影院和乡村书吧

楠溪江沿岸古村落的场景特质——初看亲切、随性，"似乎又都很粗糙，原木蛮石的砌筑而已。但是，不知为什么我总忍不住要多看几眼。什么吸引了我？哎哟，原来那原木蛮石竟是那么精致、那么细巧、那么有智慧，它们都蒙在一层似乎漫不

经心的粗野的外衣之下，于是就显得轻松、家常。看惯了奢华的院落式村舍，封闭而谨慎，再看这些楠溪江住宅，那种开放的自由、随意的风格，把我们的心也带动得活泼有生气了，……这真是一种高雅的享受。"[20]

3.2.4 以画入村，再造乡村景观独特性

历史的演进让众多传统村落与自然环境展现出高度的有机统一，形成了一种"将其对自然（包括本身）的理解"[21]转换为一种文化景观，或生机勃勃地突显于画面中心，或宁静优雅地融入大地景观，却皆能呈现出一幅醉人的图画，堪比陶渊明笔下的桃花源。正如近代著名女作家庐隐描述鼓岭宜夏村20世纪初的情景："那里住着质朴的公民和天真的牧童村女，不时倒骑牛背，横吹短笛。况且我住房的前后都满植苍松翠

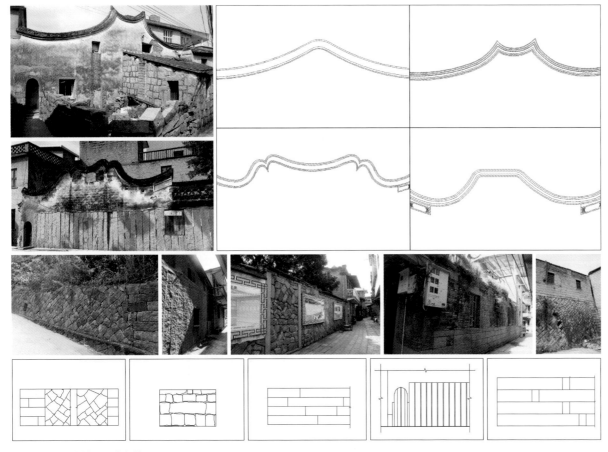

图 3-20　闽安特征要素凝练

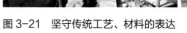

图 3-21　坚守传统工艺、材料的表达

柏，微风穿林，涛声若歌，至于涧底流泉，沙咽石激，别成音韵，更促使我怡坐神驰。"[22] 诚然，如今我们论及乡土景观保护，要承认乡土文化景观是"包含必要的变化和不断适应的连续过程"[23]，无需回到纯农耕时代的情境，而要结合其变化的环境，洞察、寻找并重塑各村落根植于大地景观而形成的独有空间结构及画境。

如上文所述，福州鼓岭嘉湖村是一个相对独立的小山谷微地理单元，谷底为大片的湖面，西南向为开阔的平坦地，可远眺山下的福州城。这块平坦地拟规划建设为鼓岭景区的观城平台以及旅游服务配套用房、停车场等。村落建筑以簇群形态分布于谷地的西南、西北与东南山麓，与环湖的梯田、山林融为一体，并呈现出一派田园牧歌的优雅画卷。村口由其西南向观景台北沿处的一缓坡道进入，入口极狭，柳杉夹径，行200余米，豁然开朗，土地平旷，屋舍错落，"有良田、美池、桑竹之属……"，似桃花源境。嘉湖村无论自然风光，还是传统风貌建筑都迥异于宜夏村。传统民居为双坡或歇山四坡顶，外墙多为当地青色毛石砌筑。现有三、四层当代民居混杂其间，加之房舍旁、田野山林中随意搭设的棚舍与杆线，以及随处堆放的垃圾，产生了极不和谐的图像（图3-22）。我们基于嘉湖村的独特区位与自然条件提出以田园休闲综合体为规划定位目标，并展开了一系列设计、实施与运营工作。设计以传统建筑类型为参照，对各类不协调建筑进行风貌协调性改造，再塑其统一有序的整体风貌。同时，我们以《福建省农村人居环境整治三年实施行动方案》为指引，全力推进厕所革命、污水治理、垃圾分类、农田复耕、山林生态修复、村道与房前屋后植树绿化等行动，全面净化嘉湖村空间环境。采用乡土材料与传统工艺的做法，建构其特征场所氛围，如以麻绳去除柳杉林景

区登山路径铁栏杆的不和谐感、以沙包土为材料重建田间与山林游步道、以竹木结合当代材料编织各类防护栏杆等修复其乡土特性（图3-23）。嘉湖村通过诗意画境的再造又重新获得游人的青睐。村中闲置的20余幢农舍成了抢手货，纷纷被外地商家租用作餐饮、民宿等，租金从原先每年不足3万元，上涨到10万元到20万元不等，实现了以乡土文化景观促进乡村振兴的设计目标。福建省乡村振兴研究会亦将入驻该村，拟在此营造乡村振兴示范基地，并进一步探索村民共同致富的策略与路径。

在三明市小蕉村美丽乡村的建设中，我们同样抓住其独特的地理景观结构特征。一方面，通过城市片区控规调整以确保村落与广阔山林、田野历史景观结构的完整性；另一方面，从设计与建设伊始就将重塑诗意乡村美景作为切入点，梳理村域水系，利用低洼地疏浚出占地约20亩的湖面（称为镜湖），既解决了水涝问题，又赋予村庄以画境。设计以镜湖为核心景观空间，重塑了小蕉村"山、水、林、田、村"的整体景观结构。同时，结合村庄南侧在建的市政路，营构了东南向的村口空间。游客驾车从市政路转入村口东南山林中的停车场，步行数十步即可至游客中心门厅，再行至具有礼仪性的大堂尽端便可俯瞰秀美的湖面及连绵的大自然山林。村落背倚山林，湖面两侧的田野东西绵长，其视野所及，一派田园牧歌景象。游人亦可不经游客中心，直接从山径夹道下行百余步至湖畔，则见湖光山色，令人印象深刻。设计还关注到环湖步道、田间小径与村落巷弄的连接等，以期实现美丽乡村步移景异的空间序列体验。

3.2.5 共同缔造，持续创造独有的乡土文化景观

乡土文化景观包括物质的积淀和完整的农耕体系和风土习

俗，以及历时性的"必要的变化和不断适应的连续过程"。因此，乡土文化景观保护离不开真正的拥有者和创造者——在地乡村社群。在各村落景观保护与再设计中，我们通过深度考察与调研，结合与村民访谈和交流等方式，筛选并凝练出风土建筑的特征形式与营造方式。我们不仅洞察并提炼各村落"传统风土技艺的优良基因，激活和复兴以及使用习俗中适宜于文化传承的精华要素等"[24]，而且积极倡导在地村民参与营建，

图3-22 嘉湖村改造前

图3-23 地材的创新运用

重建一种易于传续的技艺，并运用于村落环境的日常维护中（图 3-24）。

特色农耕景观的持续演进亦是保持乡土文化景观完整性不可或缺的组成部分。福清一都村以再生后的传统村落为载体，举办一年一度的枇杷节，引导村民广泛种植枇杷，让枇杷成为一都村民脱贫致富的特色农业产业，并发展为观光采摘体验游，有效地带动旅游服务业的发展。而鼓岭宜夏村通过多年特色度假环境与生态环境的修复，再造了与自然山水共融的惬意避暑胜地，也吸引了更多的游人。当地村民不仅盘活了闲置房舍，可以经营各类旅游服务业，而且还自觉复耕梯田，恢复了特色农作物，也修复了度假区历史梯田景观，令鼓岭"三宝"（甘薯、白萝卜、佛手瓜）以及薤菜等特色农产品成为各地游客的伴手礼。原住民的保持让鼓岭传统文化习俗得以传续下来，如清明"半段"等节日，并与时尚度假生活方式相结合，持续创造出一种独有的避暑文化。

三明市小蕉村一方面从规划层面保护古村落与自然山水以及林田的独特空间结构，树立建设新村、保护活化传统村落的理念，再造其诗意乡村景观并促进乡村经济振兴；另一方面村两委发挥积极作用，成立全民入股的经济合作社，并与社会资本合作成立了"三明瑞都生态农业观光有限公司"，将资源变资产，同时发展旅游业，留住村民，让村民既是农民又是公司员工，具有双重身份，并引领村民共同致富。村民们激发出共同缔造美丽家园的热情，植树造林，共建镜湖。同时，在设计引导下开展农家美丽庭园建设，治理垃圾、净化村庄与田野环境。经过十余年的环境建设，树比屋高了，乡村美景日益呈现，游客亦多了。于是，合作公司适时引入各类文创团队，并盘活历史文化资源：将搬入一期新村居住而腾空的村民旧舍进行招商引资，活化利用为休闲文旅功能，如设置农家餐馆、大众茶馆、乡村书吧、艺术工作室等，增强了乡村旅游的吸引力（图 3-25）；保护活化自唐代以来存续的 15 座古窑址，引入陶艺文创团队，营造陶艺文化研学基地；建设农夫集市，促进乡村繁荣。随着游客日益增多，小蕉村 2021 年又办起了圩场，生意火热，一位村民在圩天"卖爆米花、棉花糖，都能赚不少钱咧"！[25]

由党建引领，小蕉村办起了幸福大院，为老者提供文化休闲与生活照料场所。同时，修缮了叶氏宗祠，延续优秀传统文化，提升乡风文明。此外，还积极倡导乡贤文化，健全村规民约，开展"最美家庭""最美庭院"等评选活动，共同建设并维护优美村庄环境。

小蕉村已先后获得全国美丽乡村创建试点村、国家森林乡村、福建省生态文化村、新时代农村社区建设样板等荣誉称号。目前，古村落保护再生、新村二期建设还在进行中。对于老建筑，我们还将持续引入社会资本，吸引传统工艺大师及文创团队，并开展研学与展销活动，进一步提升老村落作为文旅载体的承载力。古厝新居、桃源美景，与建设中的农耕观光体验区、镜湖游憩区、山地生态茶园区等共同营造的小蕉田园休闲旅游综合体——城市驿站，正逐渐彰显出魅力与特色。

图 3-24　风土技艺基因传承

图 3-25　小蕉村古厝新生

（二）实践作品荟萃

国际度假社区——鼓岭宜夏村

设计 / 建成　2009—2021 / 2010—2022

全国优秀工程勘察设计行业奖（园林景观）一等奖
福建省优秀工程勘察设计奖（园林景观）一等奖

鼓岭入口山门

1—宜夏别墅；　　　　　　　　　　2—加德纳纪念馆；
3—鼓岭山居博物馆（富家别墅）；　4—柳杉土公园；
5—李世甲别墅（鼓岭书屋）；　　　6—麦先生别墅；
7—鼓岭教堂；　　　　　　　　　　8—郑家别墅；
9—李毕丽别墅；　　　　　　　　　10—鼓岭百年泳池；
11—万国公益社；　　　　　　　　 12—鼓岭夏季邮局与古井；
13—鼓岭老街织补建筑；　　　　　 14—网球场老街古厝与织补建筑；
15—映月湖公园；　　　　　　　　 16—映月湖酒店；
17—鼓岭网球场遗址公园；　　　　 18—梅森古堡；
19—柏林别墅（竹林山庄）；　　　 20—田黄馆；
21—中共闽浙赣区委城工部联络站旧址；22—鼓岭白云山庄；
23—后浦楼；　　　　　　　　　　 24—天池山房（规划未实施）；
25—阅城云街（规划未实施）；　　 26—映月湖咖啡馆与停车场；
27—柳杉王地下停车及游客服务中心；28—华盈山庄；
29—柱里景区；　　　　　　　　　 30—南门停车场

宜夏村位于福州鼓岭度假区的核心区，具有悠久的避暑历史及浓郁的地域文化特色。鼓岭素有"左海小庐山"的美誉，其兴盛于五口通商时期，与江西庐山、浙江莫干山、河南鸡公山齐名，并称为中国四大避暑胜地。

1992年，习近平总书记在福建工作时曾帮助美国加德纳夫人圆了她丈夫的"鼓岭梦"，引出了一段中美民间友好交流的佳话。这一朴实而感人的故事，不仅见证了中美民间友谊的源远流长，也展现出了鼓岭作为国际避暑社区的独特魅力。

2009年起，福州市政府持续开展了鼓岭旅游度假区的保护整治提升工作，使占地面积约20km²的鼓岭核心区具备了旅游度假区应有的风貌与特色，并于2018年获评国家级旅游度假区。项目包括西侧山麓的鳝溪山门与停车场建设、鼓岭老街保护与整治、映月湖公园整治、柳杉王公园整治与停车场建设、鼓岭人家营造及游步道建设等。通过一系列景观规划设计及工程的实施，改善了先前鼓岭山村杂乱的面貌，发掘出鼓岭相关的历史人文资源，提升了鼓岭人居环境，并通过整治重要节点景观及游步道体系建设，贯通了各个重要节点之间的联系，拓展了度假区的核心内涵，逐步恢复了鼓岭原有的避暑度假胜地的美誉，既重塑了具有福州地方特色的"城市名片"，又有力促进了宜夏诸山村的发展与振兴。

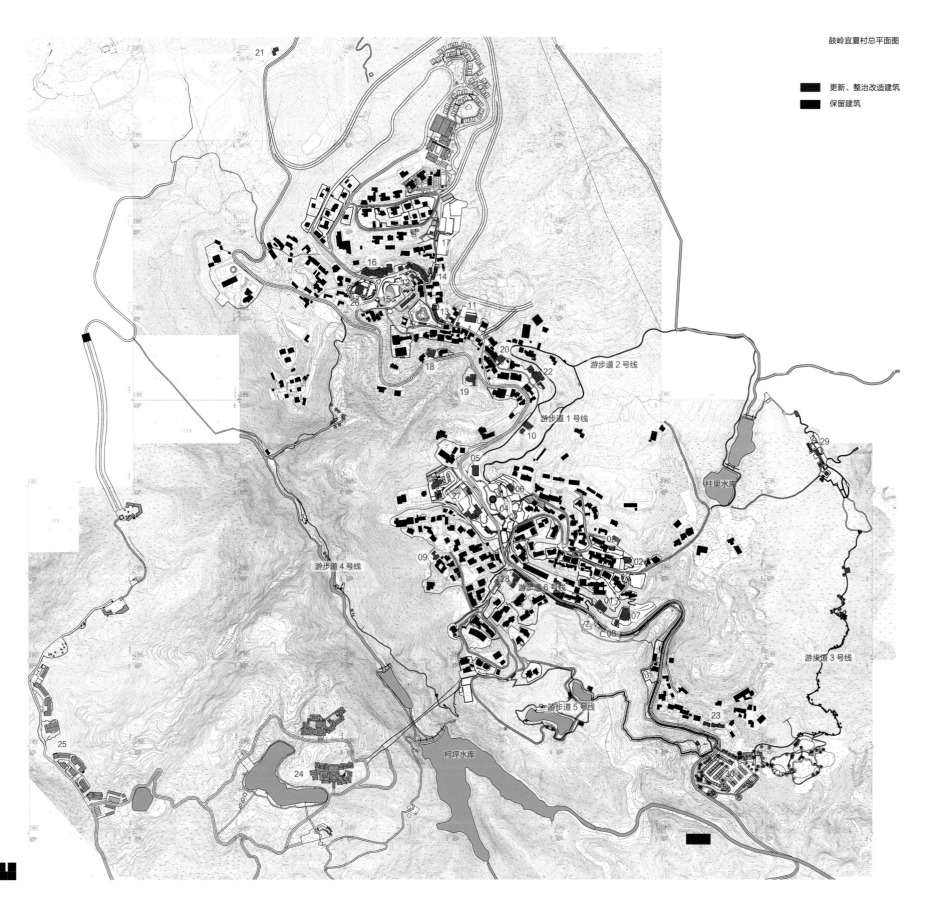

鼓岭宜夏村总平面图

更新、整治改造建筑

保留建筑

游步道 2 号线

游步道 1 号线

游步道 4 号线

游步道 6 号线

游步道 3 号线

游步道 5 号线

柱里水库

柯坪水库

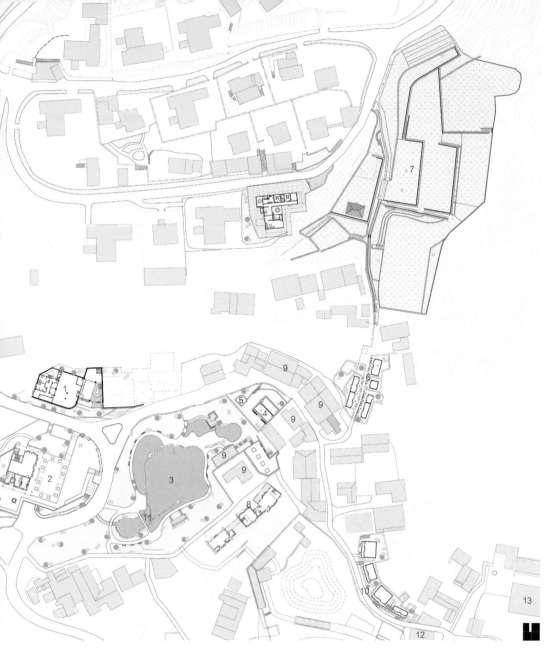

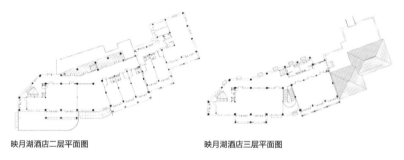

映月湖酒店二层平面图   映月湖酒店三层平面图

1—映月湖酒店;   2—咖啡馆及地下停车场;   3—映月湖公园;   4—鼓岭夏季邮局;   5—本地外国公用井;

6—通往网球场遗址公园织补建筑;   7—网球场遗址公园;   8—织补商业配套;   9—风貌建筑修缮活化;   10—鼓岭老街织补建筑;

11—保留石桥;   12—柯达照相馆;   13—万国公益社

映月湖酒店立面图

映月湖酒店正面全景

映月湖及网球场鸟瞰 | 咖啡馆外廊 | 映月湖酒店

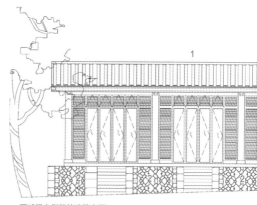

网球场老街织补建筑立面

1—织补建筑；
2—保留墙根

新旧元素有机共生（组图） | 洋人网球场景观 | 洋人网球场遗址公园
山地老街织补建筑

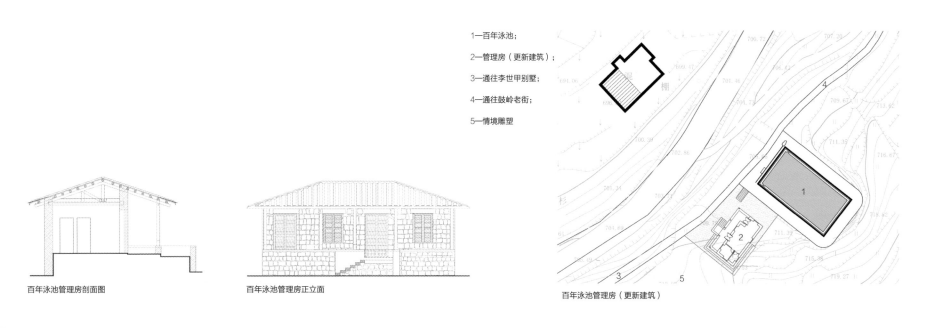

1—百年泳池；

2—管理房（更新建筑）；

3—通往李世甲别墅；

4—通往鼓岭老街；

5—情境雕塑

百年泳池管理房剖面图

百年泳池管理房正立面

百年泳池管理房（更新建筑）

高山桃源——鼓岭嘉湖村

设计 / 建成　2019 / 2021

　　嘉湖自然村位于福州鼓岭度假区核心区西部，距离宜夏村约 3km²，为一小山谷地，是一个自成独立的微地理单元，村域范围约 120hm²。

　　设计以"留白、留绿、留旧、留文、留魂"五大策略修复古村落空间格局和乡土文化景观的完整性。"留白"：控制建设用地，保留各类功能性"空地"，保持村落疏密有致的肌理特征；"留绿"：保护生态本底，保持基本农田不被侵占，使自然山林、田园与建筑有机穿插；"留旧"：保护古街巷、古厝、古树、古井等特色场所，留住村落历史记忆；"留文"：传承农耕文化，保护与活态传承并重，延续历史文脉，保存文化基因；"留魂"：从古厝修缮、当代民居改造再到自然生态景观修复，充分体现村落固有特征氛围，再现其独特的乡土气质。

嘉湖村总平面图

1—特色农产品展销（更新建筑）；
2—游客中心（更新建筑）；
3—农产品加工；
4—特色餐饮；
5—思源井；
6—特色餐吧；
7—特色民宿；
8—省乡村振兴研究会；
9—庙宇；
10—民居；
11—基本农田；
12—生态停车场；
13—嘉湖；
14—观城平台；
15—山地自行车道；
16—湖边小筑；
17—往宜夏村；
18—往福州

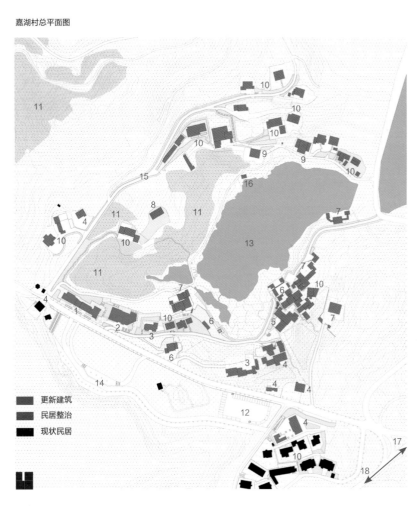

更新建筑
民居整治
现状民居

在功能业态策划方面，设计注重与鼓岭旅游度假区充分对接，与宜夏村等周边村落形成业态互补，塑造特色鲜明、功能多元混合的田园综合休；充分利用村庄南侧已建成的观城平台及停车场，置入商业、餐饮等配套建筑；结合山坡地建设山地自行车赛道及露营地等设施，拓展小村庄的文旅内涵，提升旅游承载力，以进一步促进乡村经济发展。

1—特色农产品展销（更新建筑）；2—游客服务中心（更新建筑）；3—农产品加工（改造建筑）；4—民居整治；5—乡村餐吧；6—民宿；7—村口；8—农田；9—嘉湖

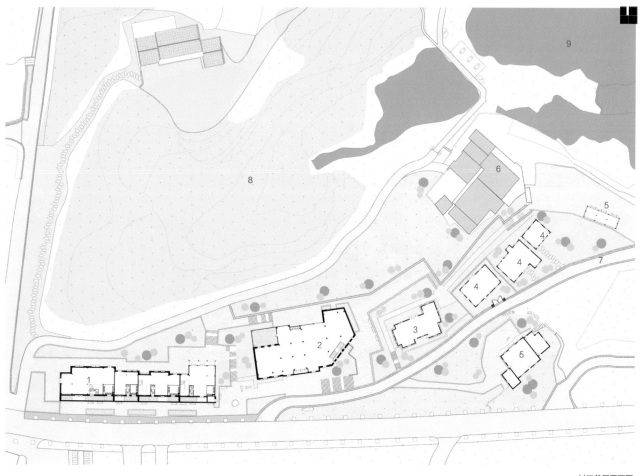

村口首层平面图

游客服务中心立面图

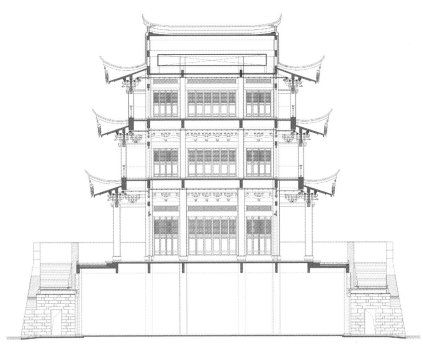

闽安楼剖面图

石桥、炮台与闽安楼 | 闽安楼

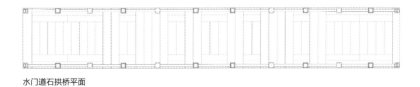

水门道石拱桥平面

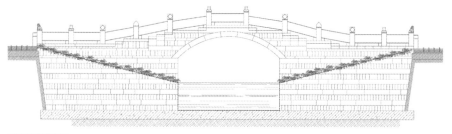

水门道石拱桥立面

右营公园——得胜寮 右营公园——残墙 右营公园——旗杆

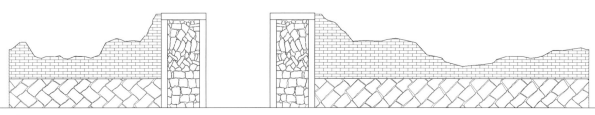

右营房遗址残墙立面图

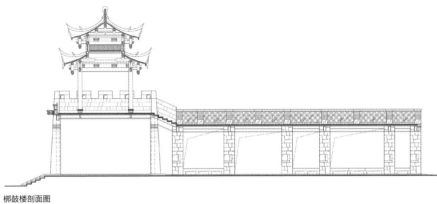

郴鼓楼剖面图

郴鼓楼立面图

郴鼓楼——体现海防重镇历史意象

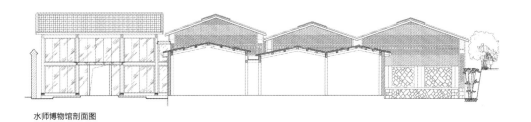

水师博物馆剖面图

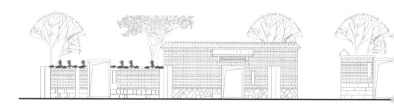

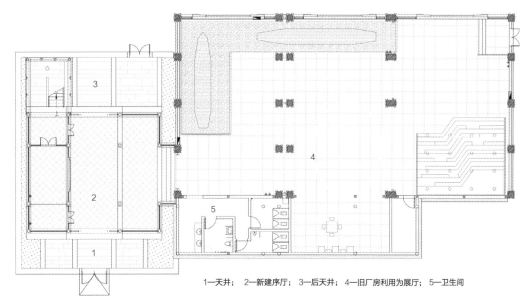

1—天井； 2—新建序厅； 3—后天井； 4—旧厂房利用为展厅； 5—卫生间

水师博物馆首层平面图

草尾街更新建筑类型学演绎 | 水师博物馆南向景观

草尾街更新建筑

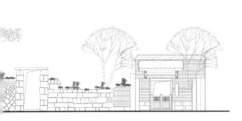

草尾街院墙立面图　草尾街北立面图

水师博物馆

乡村历史场景塑造

立面改造强化地方特征
细节体现地方性

"虚位以待"群雕与西城墙保护棚
装置艺术表达更为悠远的历史场景

村貌整治反映场所特质
地方传统特征再造
注重乡野气息传续

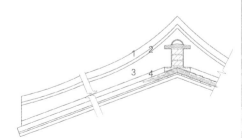

1—筒瓦压顶（纸筋粉筒瓦），乌烟灰勾缝；

2—3层本瓦，5mm厚乌烟灰粉塑；

3—三皮青砖，麻刀石灰砂浆砌筑；

4—屋脊3层本瓦叠瓦脊，外侧露明处水泥砂浆打底，乌烟灰粉塑

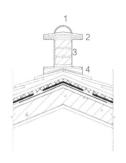

1—筒瓦压顶（纸筋粉筒瓦），乌烟灰勾缝；

2—3层本瓦，5mm厚乌烟灰粉塑；

3—屋脊3层本瓦叠瓦，脊外侧露明处水泥砂浆打底，乌烟灰粉塑；

4—灰塑

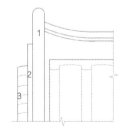

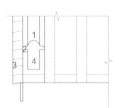

1—筒瓦压顶（纸筋粉筒瓦），乌烟灰勾缝；

2—3层本瓦，5mm厚乌烟灰粉塑；

3—三皮青砖，麻刀石灰砂浆砌筑；

4—屋脊3层本瓦叠瓦，脊外侧露明处水泥砂浆打底，乌烟灰粉塑

"虚位以待"群雕

体现更为悠远的历史情境

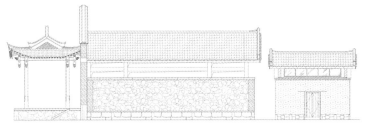

戏台及配套用房立面图

戏台立面图

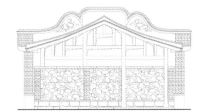

公共卫生间立面图

1—戏台；

2—化妆间；

3—女卫生间；

4—男卫生间；

5—第三卫生间；

6—管理用房（旧墙利用）

戏台组合平面图

更新建筑的地域性表达
————————
植入戏台，营造活力场所

乡土材料的运用 | 修缮建筑注重历史信息的保持
朴野乡风的保持 |

老街修缮立面图

城市驿站——三明小蕉村

设计 / 建成　2010 年至今 / 2019 年至今
福建省优秀工程勘察设计奖（美丽乡村设计）二等奖

三明小蕉村属城郊型乡村，紧邻梅列经济开发区，山环水抱，自成独立地理单元。村域总面积约 149hm²，森林覆盖率 86%，人口 367 人、78 户。村内小桥流水，屋舍俨然，一派原生景象。

自 2010 年认知小蕉村之始，设计团队就将永续保持"山、水、林、田、村"的整体景观格局作为规划层面上的核心内容，结合已建、拟建的新村，提出了建设新村、保护活化古村落的发展思路。在与村两委及村民的不断交流、探讨中，我们编制了村庄保护与发展规划，并建立了长期陪伴式设计服务关系，与村民共同缔造美丽家园，让规划蓝图得以一步步变为实景。

十余年的陪伴式设计服务，我们与村民建立了良好的感情，实现了设计的初衷与目标：一方面，让村民住上生活设施齐备的新居；另一方面，通过保护"山、水、林、田、村"独特的格局，活化古厝、古村落，将小蕉村整体塑造为乡村旅游的优质载体，让城市居民在这里找到一种世外桃源般惬意的生活方式，成为山村里的"城市驿站"。资源变资产，魅力变效益。发展乡村经济，这正是我们对近郊型乡村振兴的一种探索。

杉林镜湖

1—圩场；   2—小蕉村服务中心；   3—特色餐厅；   4—乡村书吧；   5—菱荷香；   6—基本农田

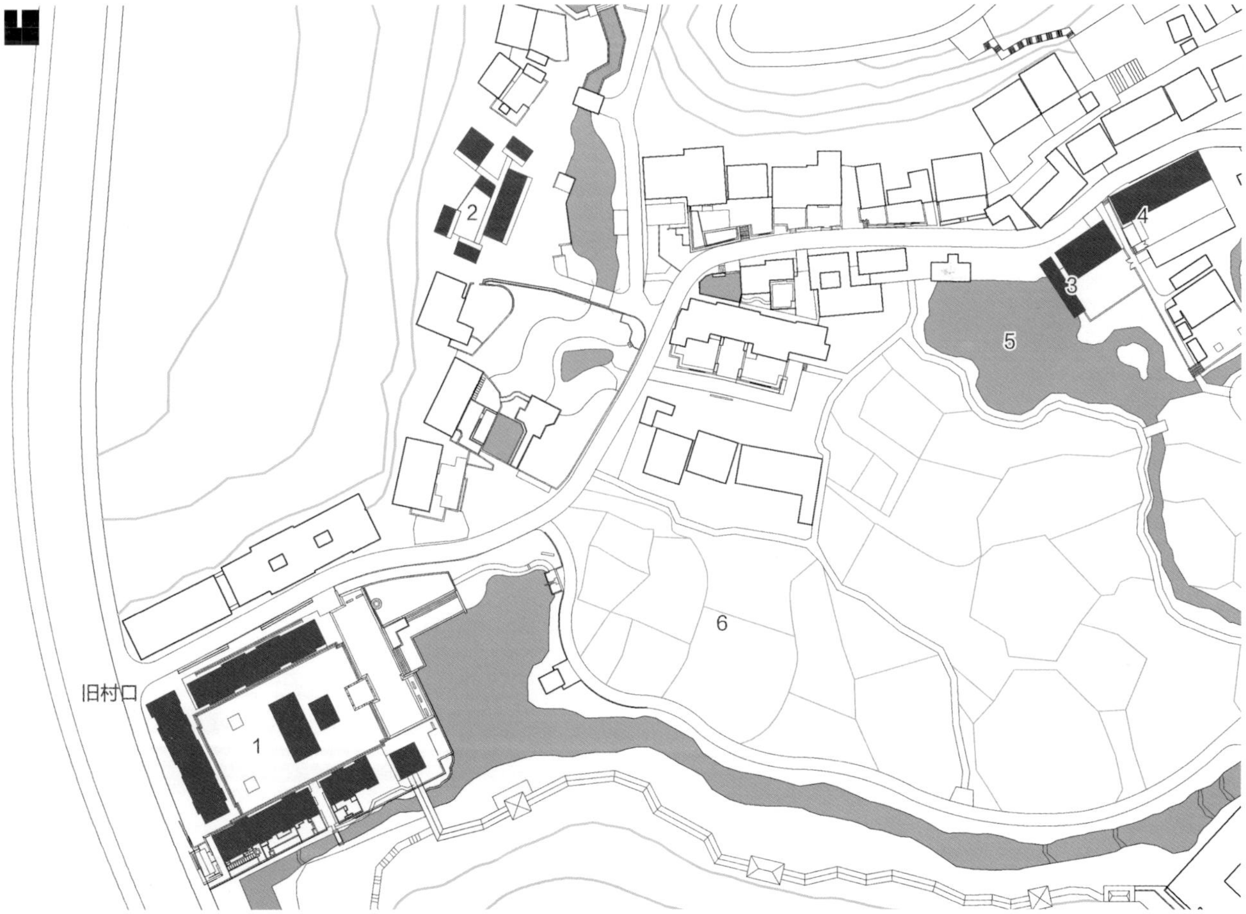

旧村口

三明生态旅游村总平面图

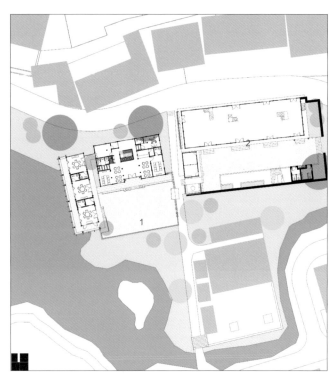

1—特色餐馆；
2—乡村书吧

蕉岭古街首层平面图

院墙样式一

院墙样式二

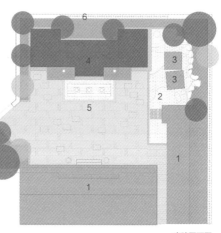

1—保留木屋修缮；
2—溪卵石散置；
3—谷仓儿童图书馆；
4—外摆平台；
5—预制混凝土板铺地；
6—特色院墙

庭院平面图

古厝新生

时尚业态与古厝相融
———————
古厝与室外沙龙相融 朴野中透出时尚性

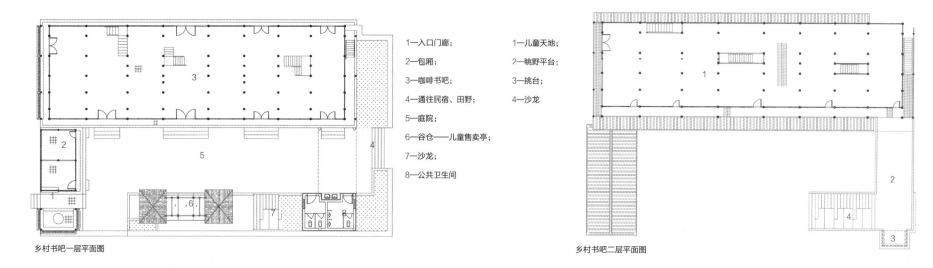

乡村书吧一层平面图

乡村书吧二层平面图

1—入口门廊；
2—包厢；
3—咖啡书吧；
4—通往民宿、田野；
5—庭院；
6—谷仓——儿童售卖亭；
7—沙龙；
8—公共卫生间

1—儿童天地；
2—眺野平台；
3—挑台；
4—沙龙

眺野平台 ｜ 书吧沿村道立面

书吧室内（组图）

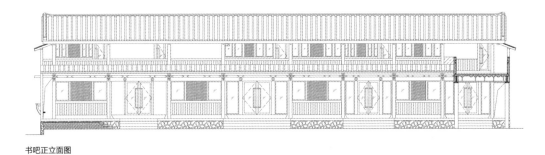

书吧正立面图

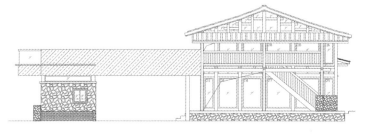

书吧侧立面图

1999年10月，我入职福州市规划设计研究院，担任副院长、总建筑师，分管规划、建筑、园林景观等专业所，这让我在坚守建筑师本职工作的同时，亦有了更多机会介入规划与园林景观的设计工作，将更多项目从宏观规划开始就一直贯彻实施到景观设计细部，并不断树立起规划、建筑、园林一体化的设计创作观。2000年，我们参与了福州城区段闽江两岸公园的设计。为配合该公园设计，我们探讨了建筑师如何为大尺度城市开敞空间的营造而赋予城市公园以更多园林意蕴的设计手段。2003年，我们中标的南昌红谷滩新区前湖景区规划项目，占地面积达6.75km²，这不仅需要在大尺度景观规划层面思考绿核与周边各功能地块的有机连接，而且也需要在微观设计层级探讨城市综合性公园的功能构成与组景手法，以期通过设计有力地促进城市新区的品质与活力的形成（图4-9）。

新世纪伊始，福州亦跳出老城谋求发展新区新城，一是跨过闽江向西南开发金山新区；二是向东发展鼓山新区。在城市总体规划引领下，我组织团队（包括规划、建筑、园林的专业人员）开展了鼓山新区与金山生活区的城市设计工作。团队中标的鼓山新区核心区城市设计项目，以功能多元混合、山水特色突显作为规划设计目标，同时结合基地现状水系，以一条贯穿核心区南北长约1.2km的城市水轴作为纽带，其北端沿福马路设置城市广场，南端以水景园为主题，形成一占地面积约6hm²的城市公园，并与光明港河公园连为一体，其间以活力滨水商业休闲街连缀，建构了新城独具特色的空间景观骨架（图4-10）。接着，我们承担了水上公园的具体设计任务。作为城市新区公园，设计讲求历史文化根源感，希望入住新区的人们能建立起社群文化，形成场所认同感。为此，我们一方面注重古城传统园林的传承，另一方面强调面向未来的创新表

达。富有地域文化特征的水上公园，已成为新区居民日常生活的重要场所。

随后，为适应古城东部晋安区社会经济发展的需要，我们设计团队又配合福州市城乡规划局开展了整个东部片区（包括鼓山新区）约37.6km²的城市规划用地的整合规划。其规划范围南至闽江北岸，东至鼓山与鼓岭风景区西侧，北至机场高速路（即三环路）及牛岗山，西至晋安河、六一路。当时片区内用地粗放、配套缺乏、路网不全、城市公共空间缺失、环境质量低下，整体上呈现出城乡接合部的杂乱景象。规划设计基于现状做了充分调研及资源禀赋的发掘，提出了重构片区整体规划骨架、完善路网体系、分解古城区人口与功能压力、培育市级鳌峰金融区以及建构片区中心综合功能服务核，以增强东部城区的城市特色与吸引力。其后历经十余年的更新改造，当年蓝图上的主要规划构想都得以实现，形成了以晋安湖为都市核心、以北起牛岗山公园南至光明港公园全长约4.8km（总占地面积约1km²）的城市山水景观带为主轴的片区空间骨架，这既呼应了古城传统中轴线（一实一虚），又建构起自身"山水在城中，城在山水中"的独特空间结构（图4-11）。

对于城市西南向的金山新区，我们在2001年完成核心区空间景观结构及公共建筑区整体城市设计后又进行了新区城市商业休闲广场（榕城广场）与金山文体中心的具体设计。榕城广场位于金山生活区核心地段，东临闽江大道，其中部被南北走向的城市干道金榕路穿越，基地总占地面积11.2hm²、总建筑面积约7.6万m²，功能定位为商业与文化休闲广场。我们依循城市设计，采用东西向为长轴、南北向为短轴的椭圆形空间形态整合周边已在建设的各住宅组团的空间关系，并通过东西长轴向东连接闽江公园，向西顺规划水系连缀起金山公

图4-9 南昌红谷滩新区前湖景区规划

图4-10 水上公园

园；通过南北短轴向北沿金榕路与金山大道的绿带空间相连接，向南依规划水系串联起金山文体中心（图4-12）。椭圆形广场形态亦建构了金山新区整体的识别性与方向感。设计最为创新的举措是让穿越广场的金榕路下沉，其上部架设观景休闲平台，将广场东西两部分整饬为一体，形成了人性化的全步行休闲空间（图4-13、图4-14）。此做法虽遭到许多专家反对，但终得以实现，并构筑了广场步行体系与城市更大范围步行系统一体化的网络格局。同时，我们还通过广植福州市树——榕树，让城市新区公共空间与古城相关联，并由此塑造了新区的场所精神。

金山文体中心位于榕城广场南侧，占地面积约31hm²，规划总建筑面积约11万m²。设计将城市绿带引入基地，形成贯穿基地东西的一条景观轴带，并建立了项目整体的独特设计结构。文化中心（市档案馆、文艺中心、市歌舞剧院、剧场、市群艺馆）、体育综合馆、体育场围绕中轴景观带布置，营建了公园中建筑群的总体景观意象。设计秉持规划、建筑、园林景观一体化的创作理念，创造了三者高度融合的高品质空间环境。项目虽位于城市新区，但我们仍注重所地方性的表达，从中国传统优秀文化及地域建筑中汲取素材，在整体布局结构上体现刚柔相济、人工与自然共生等理念；在建筑空间处

理方面，则体现古城典型的街巷与庭院的地域特征；在立面造型方面，设计既强调各建筑群的个性化以及尺度属性的表达，又关注时代性与地方属性的体现（图4-15）。

在设计金山文体中心的同时，我们设计团队还承接了福州大学城的闽江学院与福州职业技术学院两所高校的校园规划与设计。对于大型校园规划，其设计的核心问题是确定具有特征的、清晰的规划结构。闽江学院西南侧为高耸的旗山屏障、东侧被京福高速公路高架桥阻隔，仅东南豁口与大学城区相连，同时，它与技术学院基地连为一体，整体呈东南朝向的长条状形态。基于这一环境特征，设计植入一条贯通三块基地（闽江

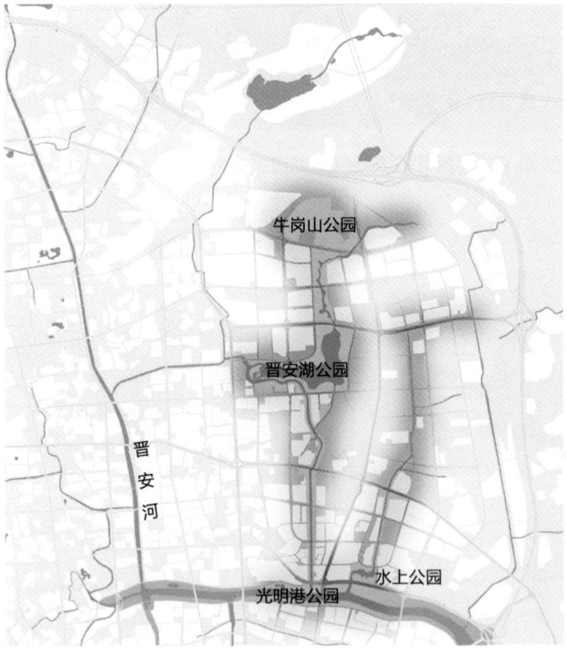

图 4-12 金山生活区城市设计结构

图 4-13 榕城广场

图 4-11 晋安新城城市山水轴

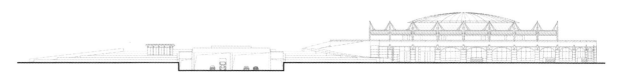

图 4-14 榕城广场与城市道路关系

学院及两所二级学院预留地、技术学院）、长达 2.2km 的基准轴，直向东南豁口，并以其强烈的张力赋予校园整体的生机感。同时，亦将三块用地整合为有机整体。闽江学院校园核心区为直径 400m 的"曲水绿岛"，其主体建筑图书馆群落位于中轴线上，并以过街楼形式让中轴空间向北延伸，而各教学、实验楼群则以院落式形态沿圆形绿核环状布置，这强化了绿核空间的完整性。"一轴一环"构筑的设计结构在与周边环境的对比中成为了校园的独特标识，并赋予校园清晰的方向感与强烈的秩序感。设计还梳理基地内原有的池塘河道，形成了自东北蜿蜒曲折流穿山至东南校前广场的景观生态水系，令校园整体环境具有了自然灵动性，从而营造了礼乐并重的当代大学校园空间特质。在校园东南、西北两个校前广场空间的设计中，我们亦强调环境潜移默化与陶冶情操的空间功效，将校前空间设计为园林景观形式。校门仅是象征性的界定，而让学生进出校门则是一种园境式的体验，正所谓"校园空间形态是学校活力的象征，其品质高低以及活力的大小深刻地影响着校园的学

图 4-15　金山文体中心

术氛围和校园文化。"[2] 在校园公共教学区，我们特别强调采用低多层的院落式布局形态，希冀多年以后能呈现出"树比屋高"的传统校园特征，突显其独树一帜的人文校园空间环境意象。应该说，闽江学院是我们设计团队践行规划、建筑、园林景观三位一体创作理念较为彻底的实践项目。我主持了闽江学院从规划、建筑贯穿园林景观的全过程设计，这在一定意义上实现了自己对大学校园理想模式的一种追求。

2005 年，福州古城屏山镇海楼的重建设计使得我们设计团队从蓬勃发展的新城区中抽出身来，并开始将目光转向城市历史保护与有机更新设计工作。屏山镇海楼是福州古城"三山两塔一楼一轴"的重要组成部分，也是古城的制高点与特征标志物，更是广大市民的心理地标。明代洪武四年（1371 年），跨屏山筑城墙，建楼于山巅，为诸城门"样楼"，后人称镇海楼，上祀真武。清《榕城考古略》曰"会城四面群山环绕，唯正北一隅势稍缺，故以楼补之"。[3] 因此，镇海楼是风水楼，以楼增益屏山之形胜。600 余年间，镇海楼 13 次建与毁，民国年间重建为林森纪念馆。1970 年台海形势紧张，镇海楼因地标性太强而被拆除。此次镇海楼重建设计，我们既关注其作为古城格局的标志物属性，又强调结合当今变化的环境以重塑其神圣的场所感。设计时受一位智者启发，坚定地把基座抬高 10m，以强化镇海楼与山体的有机整体性，让建筑反映出一种依山而筑并与天对接的场所特性。同时，精心组织与渲染屏山下屏山公园至山巅观楼、登楼的体验路径，进一步增强镇海楼承载的城市历史记忆。镇海楼的重建设计是我理解地景形胜以及发现场地特征并将其转化为设计表现的一次重要的创作实践。

2007 年开展的福州三坊七巷历史街区保护与再生工作，

开启了我持续十多年对福州名城整体保护与有机更新的创作实践。通过历史保护与有机更新的创作实践，让我更加关注对项目场所特性的揭示与再造，无论其规模大小抑或是否出于历史地段。"建筑意味着场所精神的形象化，而建筑师的任务是创造有意义的场所"[4]，帮助人们在空间环境中建立认同感，并将存在空间具体化与结构化，从而构建起空间特性，即场所的地方精神。场所氛围涵盖地景要素、空间围合度、历史脉络及其活动事件等，它以事件为函数，历时综合而成的一种"综合性气氛"[5]（comprehensive atmosphere）。这种场所氛围与构成其建筑界墙、地面的材料和组织形式以及营造细节的特征等关系密切，这在一定意义上浓缩了地方场所特性。十余年的历史保护与活化创作实践加深了我对地方材料与营造技艺的理解，并自觉将营造技艺与场所精神上升到建筑学层面进行研究和创新表达，由此亦形成了"规划、建筑、园林、营造、场所"五位一体的创作观。

2012 年，我同时进行了两个截然不同场地的项目创作设计，一是城市新区的福州市规划设计研究院新办公楼；二是福州古城区南街更新地块。两个项目的基地特征虽然不同，但我们在项目中追求的地方性文化景观与场所特性是一致的。福州市规划设计院新办公楼群位于福州高新区东北部一期开发园区的最北端，基地为沿规划的轮船港公园东西延长约 300m、南北进深约 106m 的长条形用地，地块中部南侧为呈南北带状的园区中心公园。设计首先从塑造园区良好的中心公园空间出发，重新调整福州市规划设计研究院新办公楼群的高度分布，将一期建设的总部办公楼设计为总长度达 139m 的 6 层建筑，它居于基地中部、面向中心公园，让中心公园的公众视线得以越过多层建筑，使远处层叠嶂的旗山成为公园的深景；而将

两幢高层研发楼置于基地两端,令其与沿公园东西两侧连续排列的高层研发楼群形成高低起伏的天际轮廓线。六层办公建筑通过核心部的半开敞门厅、中庭,将南北两长条状建筑体连接起来,又自然分割出东西两个竖向高程、形态不同的庭景空间。设计有意识地把南侧建筑体扭转使其面向东南,一方面,令园区中轴线端部的建筑灵动起来;另一方面,则让建筑体的东端架空,将夏季主导风——东南风引入庭院,并经水面过滤,有效组织了该建筑内部的穿堂风,并改善室内小气候。这种呼应地域气候"厅庭一体"的院落式办公建筑布局形态,既是对历史的一种溯源与传承,又演绎出迥异于高层办公环境的庭院空间,"房舍合抱的中央,设置的是豁虚的庭院,道德操守和建筑布局都一样'虚怀若谷'"[6]。不同标高、不同朝向的露台、架空灰空间的设置,以及结合规划院多专业属性的特征要素的表达与共同参与(包括屋顶花园划分为归属不同专业所/室的"菜地"处理),同时将自然光线、绿化水体引入地下各功能空间,把水平式的园林艺术进行垂直化,既营建了生机盎然、充满园趣的办公环境,又让设计人员迅速建立起场所认同感与强烈的归属感。

在立面设计方面,我们多采用落地大玻璃窗,在各层庭院皆出挑花池,植以花木,与地面池水、亭树、乔木相连缀,令庭院亦赋予诗化的想象空间。外立面则顺应不同朝向,辅以智控式水平向或可调控式竖向折叠穿孔铝板遮阳系统,营造出变幻的建筑外部形体和光影视觉丰富的立面肌理,"真诚"[7]、真实地表现绿色建筑的形式意义以及办公建筑的时代特性,同时,在气质上又呼应了福州古城的简雅、精致之品质(图4-16)。

福州南街三坊七巷段更新改造项目位于古城核心区,西侧紧临三坊七巷历史街区,东临城市传统中轴线八一七路(此段亦称南街)。基地南北长约420m,北至塔巷口,南至吉庇巷;它被黄巷、安民巷、宫巷切割为4个地块,用地进深20~80m。基地西侧紧邻三坊七巷街区,其主要文物建筑与历史建筑有:黄巷北侧的国家级文物保护单位——郭柏荫故居、黄巷南侧的历史建筑回春药店、安民巷62号与63号历史建筑、宫巷北侧保护建筑——张氏试馆、宫巷南侧的宫巷1号、宫巷3号历史建筑等。用地红线内建筑,除吉庇巷口的近现代优秀建筑中国银行外,其余均为2~4层质量低下、立面简陋的商业建筑。三坊七巷街区保护规划确立其为建设控制地带,新建筑屋顶高度控制在18m以内,总高度不得超过21m。通过更新改造,使其与历史街区相协调,并以此为纽带串联起三坊七巷与朱紫坊历史文化街区、于山以及乌山历史

风貌区共同再造古城核心区的历史格局。

更新设计的重点着眼于两个方面:首先是功能整合。通过将南街地段与东街口商圈相连接,结合地铁1号线建设,拓展地下商业空间,形成地上地下一体化并具有一定规模的功能多元混合的商业街区,营造富有活力的文化休闲购物场所,强化并提升福州城市传统核心商圈的辐射力;其次是尺度与肌理。这既要与西侧紧邻的三坊七巷相协调,又能契合东侧40m宽的城市中轴空间尺度(图4-17)。

更新地段的整体布局汲取了三坊七巷街区的肌理特征(图4-18),它采用传统宅院"南北递进、厅井结合"的布局形式,既消解体量,又形成南北纵向展开的屋顶肌理形态,使其与三坊七巷街区产生有机关联(图4-19)。设计从街区的组织结构入手,结合当代商业业态需求,采用与毗连的三坊

图4-16 福州市规划设计院新办公楼遮阳系统

七巷历史建筑贴邻、隔巷或以庭院空间组合等方式进行布置，以织补其肌理，并共同构造特色场所空间。为避免出现新的巷道，新旧建筑之间以连贯的院落空间形态呈现，从而创造出具有福州地方传统文化特色的序列式城市园林客厅。

如何处理好更新建筑与既有巷道之间的尺度关系，这是设计必须回应的问题。基于三坊七巷街区均为低层建筑（檐高约4m、屋脊高约9m），设计将与历史建筑相邻的建筑室内界面处理为退台形式（1~2层），以便与传统街区形成良好的过渡空间。在与三坊七巷相连的各个巷口，新建筑做出适度退让，并扩大巷口空间，将紧邻各巷口的建筑控制在2层以内。而各地块中段的沿街建筑层数则提升至3~4层，以呼应南街的街道尺度。巷口低、中部高的形体组织方式塑造了南街错落有致的沿街天际轮廓线。

在保持南街总体线性商业空间连续性的基础上，设计注重

与既有传统巷道（塔巷、黄巷、安民巷、宫巷、吉庇巷）的衔接，从而塑造富有节奏变化的街道节点空间，并与商业体内部形态各异的庭院空间互为串联。同时，我们还结合地铁1号线出入口设置，在街东侧北端的光荣剧场节点、黄巷–塔巷段节点、吉庇路口节点处采用下沉广场、下沉庭院等方式将自然生态导入地下空间，并赋予地下空间以园林情景。通过贯穿南街地下主街全线，整合、组织沿街两侧地上、地下以及新旧商业体的流线，并与三坊七巷、朱紫坊两个历史街区的体验游线相连接，形成业态互动、内涵丰富、流线清晰的文商旅相融合的街区形态，从而有效地复兴了城市核心区的经济社会活力。

对于南街沿街立面，设计在延续福州近现代建筑风格的同时，也融入现代建筑语汇，以营造当代本土文化

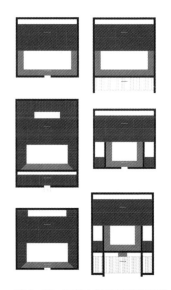

图 4-18　三坊七巷传统院落肌理

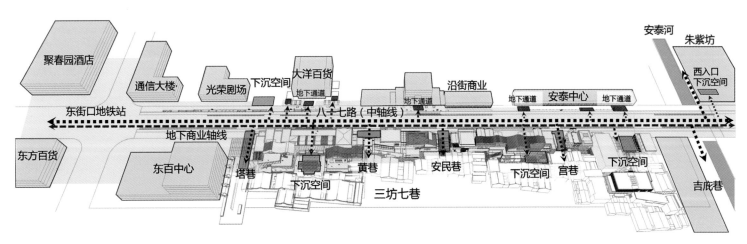

图 4-17　南街地下空间与下沉庭院

图 4-19　新旧肌理有机连接

景观。而与三坊七巷紧邻的西侧建筑立面则更多考虑与历史街区的呼应，通过采用框景、对景、退让等手段精心处理与南街衔接的各巷口，既强化了历史巷口的标识性，又反映出中轴线南街段的整体风貌特性。对于下沉广场与地下空间的设计则强调地方传统与时尚元素的融合，旨在形成历史与现代、地方与国际、文化与时尚并置的当代商业街区景观特征氛围。

历时多年的唐城宋街遗址博物馆的设计及建造，虽至今尚未对外布展与开放，但其复杂的历程却为我们探究、思考城市遗址与当代生活的融合以及如何传承创新表达地方文化景观提供了难得的创作经验。

三坊七巷素有唐代里坊制"活化石"之说，但其格局形成于唐代却一直没有实物证据。2011年，考古工作者在项目所处的金斗桥地段发掘出唐以来的丰富遗迹，尤其是发现了晚唐五代城墙和宋代街道、房基等遗存，这为研究福州早期城市变迁以及三坊七巷格局的形成提供了重要的实物佐证。基于考古揭示的唐城垣和宋街遗址的重大历史价值，省市有关部门确定在此地块建设"唐城宋街遗址博物馆"。博物馆以城墙、房基的遗址保护及出土文物展示为主体功能，并将它们作为游客参观、体验三坊七巷历史文化及福州古城历史演变的重要场所，使其成为遗址保护与城市日常生活相融合的示范案例。

在真实、完整地保护遗址的基础上，我们提出将博物馆与地上街区的格局和肌理进行可读性的时空连接，修复古金斗桥至文儒坊的历史空间结构，营造由安泰河金斗桥进入三坊七巷街区所构成的河、桥、城门楼、街（文儒坊）等完整历史意象，并将地表物、地下遗址有机串联为可以体验感知的游线（图4-20）。而与安泰河、游廊、古树、古桥融为一体的阶台式博物馆形态，既为周边市民营造一处独具地方文化景观个性

的休憩场所，又为游人登城门楼眺望三坊七巷街区第五立面提供了良好的观赏平台。

在古城历史保护与有机更新的创作实践中，我们亦持续进行城市新区及新城的项目设计，这同样秉持发掘城市历史与基地自然特征、辨识地方传统建筑文化个性、结合不同项目条件、以整体思维推动地方当代文化景观创造的设计取向，如南平浦城县体育中心、福州高新区创新园等项目的创作实践。

浦城县体育中心位于老县城西北部的梦笔城市新组团内，其基地为一低丘山峦地。设计通过紧紧抓住基地自然地形结构和老县城及周边古村落独特的过街楼、过街亭、廊桥等公共空间的形态要素，并在新建筑的设计中进行创新性转绎，同时赋予了体育中心（全民健身中心）强烈的地方场所属性。

浦城县扼守福建北大门，与浙江省接壤，自古便为中原入闽"第一关"。窄窄的仙霞古道曾是古时北上赶考书生与入闽为官仕人的必经之路。其县域广阔，曾为福建省第三大县，而且丘陵纵横，山延两脉（县境西北为武夷山脉的延伸，东北则为仙霞山脉的延伸），水注三江（境内溪流河道分别流入闽江、长江和钱塘江）。基地东、北、西三面低丘环抱，南向不足千米即为著名的梦笔山，项目所处的梦笔组团名称也即源自此。梦笔山原名孤山，山虽不高，却灵秀耸立。南朝贬谪浦城（时称吴兴）为县令的文人江淹，夜宿山中得一梦，此后才思泉涌、佳句迭出，山以人显，故改名梦笔山。江淹离浦后宦海高升，却又在多年后因文枯词竭被后人扼腕而叹，留下一段才子东山再起的人生佳话以及"梦笔生花""江郎才尽"一正一反两个耳熟能详的成语故事。

独特的山川地理与人文文化为项目的在地演绎提供了创作思路与源泉。基地及周遭连绵起伏的山峦低丘成为建筑形态构成

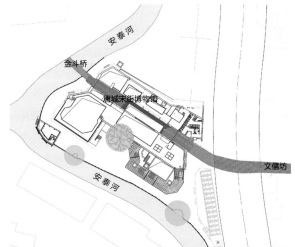

图4-20 重塑金斗桥与文儒坊历史关联

的天然背景要素。设计将体育中心的综合赛馆与游泳馆并置为两座看似舒缓的峦丘，让连体的屋面尽可能水平向延展，如丝带般轻盈飘落在这块丹桂大地上，这既是体育建筑功能空间的真实表达，又是呼应周边广袤山峦丘陵的完整构图。梦笔山的俊雅与体育中心漂盖的律动相得益彰，蕴含着因势造物、自然天成的朴素思想与理性回归，构成了城市大背景下一幅灵秀的画卷。

基于用地被处坞路分为南北两个地块，设计将田径场布置于北地块、两馆布置于南地块，二者以集散广场相联系。广场南面沿大台阶拾级而上，这是游泳馆与综合赛馆的观众入场平台。该平台连接两个赛馆，其上飘檐相接，形成了大尺度的灰空间，观众可透过两馆间的"门廊"远眺梦笔山。两馆的空间组织是对地域传统空间的一种当代转绎，这是一种既熟悉又新颖的廊下空间，在其周边特意安排了休闲书吧、轻餐以及市民健身等配套功能用房，希望能成为百姓日常生活的"舞台"，并不断演绎出美好的生活故事。在立面用材方面，设计特别讲究现代金属、玻璃等材料与木模清水混凝土外墙以及传统毛石墙等融为一体，使得体育中心整体景观更富地方场所特性。

福州高新区创新园位于旗山大道东侧、科技东路南侧，由1～3期工程组成。基地被城市道路切分为数个街块，总占地面积约27.62hm^2，总建筑面积72.8万m^2。其中1、2期工程由福建清华建筑设计院负责设计，3期工程由福州市规划设计研究院设计。在规划设计阶段，我们就探寻如何充分发挥产业园区用地规划中7%的生活配套功能占比的作用，以塑造园区人性化的公共空间活力，从而在一定程度上缓解产城分离而造成产业园区功能单一、城市性缺失等问题。设计紧紧抓住沿旧防洪堤南北延展约1.2km的长条形用地特征，以贯穿1、2期基地并向南延伸至3期地块的中轴景观带，建构了创新园

的整体设计结构，并于中轴带南北两端设置大尺度的建筑以强化设计结构力场。中轴南端类城市门阙的高层建筑以及围绕城市公园的两幢高层、超高层与拟建的4期建筑共同组成一组高度70～150m不等的"城市冠"，赋予高新园区整体空间以强烈的结构秩序与识别性。

在塑造园区活力场所方面，1、2期建筑群的休闲生活功能沿长约600m的中轴景观带两侧分布，3期配套生活功能则利用各研发办公楼底层呈"街廊式"的生动形态沿基地西侧的旗山大道布置，3期南侧、东侧3个地块的建筑裙房皆作为公共配套设施，并对城市道路开放。设有生活配套设施的小尺度、街区化的连贯步行空间，它既避免了城市新城新区城市感的缺失，又为周边科创走廊及高校师生所共享，从而实现了产、城、校相融合的设计目标，同时增强了工业园区的城市活力与环境品质。贯通1、2期项目的中轴景观式创客大街现已成为福州高新园区集活力功能、特色景观、人性化、智能化体验于一体的独具个性的场所空间。

设计结合创新园项目基地的历史自然特征，建立了可读性的整体设计结构，特别是以回归传统城市街道生活方式的理念营造了多样意趣的生活休闲场所；以建筑规模大小不一、建筑层数由多层、小高层直至超高层的有机集合，为入驻研发机构提供灵活、多元的选择。总之，高品质的多层级、人性化绿色开放空间为园区的经济发展及高端产业与人才聚集创造了良好条件。

4.2 当代建筑创作地域性表达之策略和方法

多年来累积的不同基地特征、不同尺度规模的建筑项目创

作实践，使我在形成自己五位一体创作观的同时，亦建构起一系列适应性的设计思维与地域性表达的策略方法：首先，以超出设计范围的设计思维将项目纳入更大范围的城市地区，甚至整个城市的空间结构，并明确项目在其间所承担的角色与价值意义；其次，通过对项目基地不断反复地考察、感悟与理解，发现其源于自然的、历史的特征，并在后续设计创作中予以揭示与强化，从而建构出可识别性的项目设计结构；再次，为了获得更富有地方文化景观属性的场所认同，我们还以类型学的方法，采用不同抽象度的转绎以表达根源于传统又面向未来[8]的创作理念；最后，通过材料与构造节点等细部尺度的地方性表达，进一步促进设计对场所的认同，从而再造地方文化景观个性。

4.2.1 以整体性思维整合城市空间结构

如前三章所述，无论是历史性城镇、城市历史街区，还是乡土文化景观保护与活化，我们都将设计对象作为一个整体纳入城市及其所处的大尺度空间中，思考并寻找与其相关联地区的空间结构关系，为离散或缺乏结构关系的城市各功能区重建具有独特的、新颖的整体空间结构。如我们在福清、龙海两个规模不大的历史街区所做的设计，主要是对其各自的城市特色空间结构进行重构与探究。最近，我们在福州闽清古城的案山城市观景台项目设计中亦秉持此创作理念，通过一个具体的小项目为空间分散的3个城市功能组团建构了整体个性独特的总体设计结构。

闽清位于福州西北部，置县于唐五代后梁元年（911年），东毗邻闽侯，南接永泰。闽中大山脉——戴云山脉和源于闽北的鹫峰山脉就交接于此，境内峰峦叠嶂、群山连绵。源

出永泰东北的梅溪自西南而北、折东绕茶籽山（钟南山）与由东北而来的闽江交汇于钟南山东麓，老县城就位于钟南山东北麓呈半岛状的小平地上。因溪边多植梅，故此溪称梅溪，城曰梅城。梅溪与闽江交汇，"江水浊，而溪水清"[9]，县名称闽清。置县千年，人才辈出，最著名者是北宋年间的音律大家陈旸（1068—1128年）和其兄礼学大家陈祥道（1042—1093年）。陈旸编著了我国第一部音乐百科全书——《乐书》，陈祥道则编纂了《礼书》。《乐书》和《礼书》为我国音乐理论与中华礼仪文化的发展作出了重大贡献，故被朱熹赞为"棣萼一门双理学，梅溪千古两先生"。

今日的闽清县城，向西溯梅溪而上，在茶籽岭西南麓形成云龙产业园区（云龙工业园区），又向东南闽江江岸发展新城——梅溪新城。老城区则跨越梅溪向北发展，由此形成了被茶籽岭山林地（占地约15km²）相分隔、呈犄角分布的3个独立组团。2022年初，我们设计团队受邀承接了正对老城中轴线的钟南山观景台（城市阳台）的设计任务（图4-21）。尽管观景台只是一个极小的项目，但我们仍将其置于城市地区之中，以城市的整体思维寻找其形态、价值的意义以及与既有城市结构的关系。一方面，力求让观景台成为老城中轴线（南北大街）的南端点，通过建构其北端逐层下降的城市广场群与既有轴线南端的陈旸纪念馆的连接（南北大街又与观景台北的省级文物保护单位文庙相联系），重塑古城中轴空间（称为"礼乐之道"）的文化意义，并通过有机生长的中轴线将老城区串联为紧密的整体；另一方面，设计从城市整体层面思考被山体分隔的3个城市组团，该如何通过居民日常所使用的结构网络将其三者紧密连接起来。为此，我们提升了规划绿道网的等级，并基于山下建设用地紧张的短板提出把茶籽岭规划为城市

日常生活的公共配套核心，将需配建的城市公共配套建筑沿3个城市组团的主要连接线分布，在其结合点塑造"城市核"，因此，茶籽岭建设为城市中央公园。从城市观景台与绿道建设转向城市综合性的公园建设，让城市走入自然山林，让自然山林融入城市，建构起由3个城市组团共享城市综合功能核心的空间新模式，并以此"城市核"将3个城市组团整合为紧密连接的有机整体。观景台作为城市连接的焦点和城市级的空间坐标，它希冀"能在城市的自然形态方面产生一种逻辑和内聚力"[10]，并赋予城市整体结构以突出的地理景观特性（图4-22、图4-23）。

对公园中的各单体建筑，设计讲求因地制宜的表达，使其成为各节点空间的活力源，同时强调其美学功效与地形特征，并形成自身的景观独特性，以此丰富全园的景观体验感知与意象，如法国景观建筑师克里斯托弗·基罗（Christophe Girot）所提倡的，"一种持久的城市景观，这种景观能够更好地满足人对舒适、认同、安定和尊严的需求"[11]。此外，在地方性根源的表达方面，我们更关切建筑空间与公园景观的园林性体验转绎，注重作为公园中景观建筑的看与被看的审美意趣呈现；在建筑用材方面，强调当代金属、玻璃等材料与传统材料混搭而产生的一种具有张力的艺术构图。

4.2.2　在理解与发现中建构明确的设计结构

在身临其境中观察、感悟、发现与理解自然场地隐藏的结构特征，以及与场地关联的建成环境中的文脉特征和空间属性，并因势利导加以有"心地"[12]地发展和表达，从而建构起既尊重原有环境特征，同时又具有清晰且可识别性的设计结构。如上文提及的阳光学院，设计依循其地形地貌特征赋予校

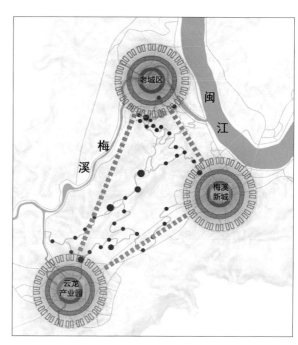

图4-21　以城市核连接3个城市组团

图4-22　闽清城市阳台

图 4-23　闽清城市阳台

园明确的设计结构，并发挥南北轴向空间的生长性。其向北呈树状分枝延伸于山坡地中，从小苗木逐渐成长为繁茂大树，并于生长中形成了自身独特的形态结构。各分区组团既相对独立，又与作为核心的"Y"形主干保持清晰的结构关系，并在功能、交通流线上互为有机关联。

对于闽江学院项目，我们亦是通过寻找场地隐含的"主导力线"[13]，结合基地丰富的水系，建构了一条南偏东23°、礼乐兼具、寓教于景的人文生态景观轴，并为校园整体及其相关地块确立了易读性的空间基准。其独特的"一轴一环"设计结构，既和谐地融入大地景观，又转化为具有标识性的校园图式符号，从而增强了校园整体景观的可辨识性。在福州高新区创新园项目的设计中，我们将有"时间素材"的、贯穿基地南北的旧防洪堤及呈南北带状分布的大小池塘等地形[14]发展为项目可读性的设计结构，营建了一条连贯5个地块、充满园林意趣的休闲生活带，并赋予整个园区强烈的结构秩序。正如F.吉伯德所指出："一切伟大的设计者都有一种传统的意识，

一种'不是为了过去而过去，而是为了现在而尊重过去'的历史意识。"[15]正是通过尊重以往的"时间素材"，塑造了园区整体个性鲜明的设计结构。

对于城市建成环境或在历史特征地段中的建筑创作，设计需要理解与发现的环境要素不仅仅是地形特征，如我们在众多历史街区更新地段的创作中就更为关注从历史脉络、历史空间特征等方面去洞察、理解、感知其显现或隐含的结构关系，结合当代的功能需求予以创新性地转化与表达，在赋予项目独特性结构的同时，重新将缺乏整体结构秩序的各类存续建筑整合成相互关联并具有特征秩序感的有机集合体。

以福州上下杭历史街区建设控制区的上下杭小学与幼儿园项目为例，我们从梳理穿越基地的历史街巷（河墘街—后洋里巷、保家弄）、周边传统建筑的历史肌理、存留的当代多层建筑布局形态等入手，厘清其历史结构与脉络，将小学建筑进行体块分解，采用连廊将小体块建筑串联为"斗折蛇行"的长条状形体，以呼应河墘街—后洋里巷的走势，并在主体教学楼的北面布置体育活动场地。南侧小地块则布置体育、文化活动等功能综合楼，通过跨后洋里巷的过街廊与主体建筑相联系，其形体又与基地东南侧的邮政局多层建筑产生关联。校内建筑为契合历史街区小尺度特征而形成多体块组合的总体布局形态，各体块屋顶又通过多折面的屋顶形式使整体建筑群有机嵌入历史环境中。在建构自身强烈可识别性的形体结构的同时，亦为片区整体建立了明确的空间结构秩序。

幼儿园用地位于河墘街南侧，它相对独立。设计将基地西北侧保留的二层民国青砖建筑与新建筑融为一体，形成三合院式的平面组织形态，并于南侧留出向阳的儿童活动场地，其北侧、西侧则以连续的建筑界面保证了河墘街、保家弄界墙面的

完整性。后洋里巷的小学建筑段，因沿巷两侧建筑间距较大，设计通过竹节漏窗、结合青瓦墙帽的院墙重塑体现了街巷传统的尺度特征与氛围，它与源自巷内仍存留的具有防火墙功能的坊门式过街楼共同构建了后洋里巷的标识性入口意象，亦成为从东侧城市传统中轴线（中亭街）、三通路经河墘街进入上下杭历史街区的门户形象。

对于建筑立面，设计以街区内存续的历史建筑为类型进行类比演绎，塑造当代教育建筑的地域文化景观特性。如第二篇所述，上下杭、苍霞等滨江近现代历史街区，不同于福州古城内的三坊七巷等传统街区，前者是福州城市及建筑近现代的见证地，在建筑形式方面更多地折射出中西合璧的特征与近代气息。此外，因苍霞地区更接近闽江，因水退城进而逐渐发展起来，并与闽江南岸的老仓山历史地段趋近，二层、三层的红砖外墙建筑亦更多。基于此历史脉络与背景，对于四层的小学建筑，我们采用以传统青砖为主、红砖作为点缀的表达方式；而二层幼儿园建筑则采用纯红砖砌筑的外墙，令二者于和而不同中建立起联系，同时又形成各自的独特性。更为重要的是，体量相对较大、以青砖为主体的小学建筑，其灰色调外墙能与其北侧、西侧的上下杭历史街区取得和谐共生。

一系列的创新演绎，让两座校园在相对不充裕的基地内得以"螺蛳壳里做道场"，并获得自身功能的满足以及场所独特性的表达，特别是在融入历史街区环境的同时，也让历史街区焕发出新的生命力。每天清晨，孩子们在家长的护送下，沐浴着滨江历史城区的晨光，穿过石条板铺就的巷道，步入现代又富有地方文化景观特性的校园，这一幕景象为仍旧保持居住功能的上下杭、苍霞历史街区平添了生活气息，并成为一道靓丽的风景线，将恒久地得以传承、延续。

4.2.3　通过地方性当代转绎，再造文化景观地域特性

地方性不仅表现在建筑尺度的层级，而且在文化景观的所有尺度层级都呈现出人类结合自然、改造自然并与自然形成独有的场所空间。在更广阔的现代语境下，我们寻找地方特色、表现地方景观个性以及建构城市文化认同，亦需从城市整体空间尺度、区域尺度直至景观细节的各层级尺度去理解、认知、发现每座城市独特的文化景观属性，并结合时代需求予以创造性地转化与表达。

福州历史文化名城历经2200多年的演进发展，在文化景观的所有尺度都形成了自身的独特性。其城市整体布局讲究契合自然山川形胜，而且人工与自然巧妙结合。福州历经6次扩城，赓续生长、臻于完美，营造了个性鲜明的"三山两塔一楼一轴"的整体空间结构。至近现代，福州又能结合变化的历史地理条件，跳出老城，开发河港、海港，发展城市商贸、工业区，形成了具有现代意义的一城多组团的城市总体结构形态。每个城市组团的主要建筑类型，它在根源于历史的同时，又开创了富有时代特征的新建筑类型。不同时期的建筑类型特征营造了不同城市的区域特征。福州城市区域的多样性塑造了其城市文化景观的独特性，正如阿尔多·罗西所指出："产生于区域和主要元素之间以及城市不同部分之间的张力，过去是而且目前仍然是所有城市和城市美学的一个独有结构。"[16]

在城市建筑方面，虽然近现代产生了类独立式住宅形式，但是合院式建筑仍是福州城市各类建筑的主导形式。合院式建筑结合地理、气候与人文特征，又发展出独具地域性、时代性的建筑风格与城市风貌，从而形成了特征鲜明的地方文化景观。如在福州古城区，"试看福州那山脉的奔腾蜿蜒与民居建筑生动的曲线是何等的统一，我们规划设计者能不从中得到启发而加以沉思吗?"[17]

在保护活化城市建筑文化遗产的同时，我们设计团队亦在努力地传承、发扬中国城市这种优秀规划与城市设计美学的传统。如福州古城晋安片区的城市空间结构重组规划设计，我们就依据古城结合自然山川形胜而构筑的中轴线，并将其作为城市艺术构图的骨架而进行城市空间布局，并创新性地提出以下营城理念：在晋安片区核心部梳理自然山水要素，营造约1km² 的城市绿核，利用基地内丰富的水系，将北部牛岗山、南部光明港公园连缀起来，以形成连山、串核、达江并具有生态与文化意义的城市山水轴；在城市核的东西两侧布置各类公共及商业配套建筑，强化城市核的载体功能。同时，在公众心理上彻底改变其原有的城乡接合部的不良印象。规划以"一核、一轴"再造片区空间与景观结构，而鼓山新区的景观轴则成为其次轴。诚如古城有主轴、东西次轴，晋安片区亦由尺度匹配的山水轴、城市核以及相应的次轴等建立起设计结构清晰、空间层级分明的整体艺术构图，其与古城西部的金牛山、工业路片区的中轴带共同构建为古城区的东西辅轴。古城城市历史发展轴，因其独特的地理区位，更富生长性，因此仍是城市发展壮大的主导轴线，将持续发挥统领、整合的作用，并在新城与旧城的融合中形成整体有机秩序。晋安片区这一规划构想虽遭多方阻力，但得益于市、区两级主要领导的鼎力支持，并最终落实于片区控制性详细规划之中。后经历任市、区政府接续努力，蓝图已变成实景。今天，晋安片区已建成为具有强烈结构特色、充满山水园林意趣的城市特色区域（图4-24）。

而在街区历史地段层级的城市更新创作实践中，我们则以

建筑类型与城市形态肌理互为关联的结构逻辑关系加以时代性的转绎与表达。如三坊七巷南街路段的更新改造项目，设计首先在二维平面上将南北延伸的4个街块进行尺度上的再划分，以呼应其西侧历史街区的宅基地尺度。同时，依据周边历史建筑的院落组织秩序，或作为实体以织补街区肌理，或"留白"作为院庭空间，重构其南北整体有序递进的序列空间体系，这样既有机地将街区建筑与街道商业体建筑连缀为一体，又塑造了一条空间开合富于节奏变化、旷奥具有戏剧性转换、体验感知独特的商业休闲情景带，这在一定意义上呈现了传统士人们宅园一体、厅庭相融的园居生活景象，让整体商业空间充溢着

图4-24　传统中轴线与城市辅轴

强烈的地方文化景观特性。此外，设计还将三处较大的庭景空间下沉至地下，与地下商业主出入口空间相结合，包括与基地北端的地铁东街口站、基地南端的南门兜站（可惜此站口连接尚未实施）相衔接，加之面向三坊七巷街区的建筑采用退台式处理，于垂直向度亦让商业空间洋溢着园林意蕴。三坊七巷宅园由于用地多狭小，为了获取"小中见大"的园景感知意象，于园中常设有登高远眺的平台，"让视线越出园垣，远眺于、乌两山，可获造园意境之高潮"。[18] 多层级的新建筑屋顶平台，为游人俯瞰体验感知三坊七巷街区独特的第五立面景观提供了观赏点。同时，亦由此实现了我们对传统园境进行一种现代转绎表达的设计意图。设计还注重传统城市美学传承与现代表达，通过设置坊门、架空层（过街楼），形成框景、透景等美学构图，一方面让街区、商业体空间与城市街道空间互为关联、渗透，另一方面又增强历史特征地区的标识性，以整体增加福州古城文化景观体验感知的独特性。

在建筑尺度层级的地方性当代转绎创作中，我们亦注重反映地理气候、地方文化而发展出的"厅庭一体"（开敞的灰空间与院庭空间相融）的建筑布局形态与宅园一体的生活方式。如前文论及的福州市规划设计研究院新办公楼、金山文体中心、阳光学院与闽江学院等，设计多以院落式布局形态并通过迎夏季主导风向侧的底层架空、各楼层敞厅设置、庭景以及垂直绿化的布置等措施，在根植传统的同时又营造出适应当代各类建筑功能特性的高品质新型场所空间。

在历史地段小体量更新建筑的设计中，我们则强调呼应不同的历史环境特征，发展出多样的转绎表达方式。如在福州乌山东南麓胡也频故居与瀹庐历史建筑空间的设计重组中，我们在其"L"形空间的东南角植入一幢单层钢结构双坡顶建筑，

以完善其合院式历史格局。新建筑采用钢结构，这是基于其与中国传统木构建筑具有相近的结构美学特性。我们以此结构形式探讨新建筑，特别在满足当代防火与舒适性需求的同时，又传递出一种传统意蕴的表达方式。正如李允鉌先生所指出："现代建筑事实上包含着很多中国传统建筑的内容，它们之间有很多相同的原则，只不过是较为难于直接察觉而已。"[19] 瀹庐今

已活化利用为吴清源围棋馆，新建筑则作为咖啡馆（图4-25）。

以钢结构转绎传统木构建筑美学特性的方法，我们已大量运用于历史街区内的更新建筑中，如三坊七巷街区的南后街、上下杭街区的三捷河与三通路等地段，将福州柴栏厝类型建筑在历史特征地段中以另一种方式加以延续与展现。对于民国时期青砖、红砖外墙的建筑特征，我们在进行当代演绎时则结合

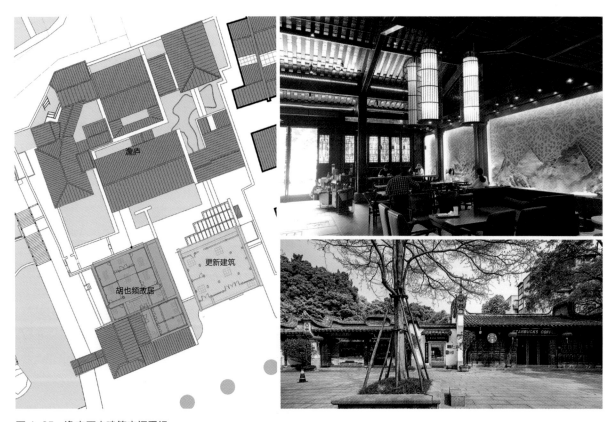

图4-25 瀹庐历史建筑空间重组

不同的环境历史属性予以不同的抽象度类比创新设计。如在三捷河南岸永德会馆东侧的建筑改造中，仅在檐口及腰线饰以传统砖叠涩线脚，而墙身部分则采用富有现代感的砖花及凹凸肌理表达当代性，以突显历史建筑——永德会馆的历史特征。在三捷河北岸两处小体量的更新建筑设计中，我们则基于其周邻皆为存留历史建筑的现状，一处采用全玻璃建筑；一处采用富有现代气息的青砖外墙建筑。一方面通过新旧建筑的和而不同，显现各自的时代特征，让新旧建筑在对比中形成张力，并赋予街区生长活力；另一方面通过历史真实性的保持与强化，令街区整体亦更富有地方文化景观独特性。

4.2.4 以地方材料与营建技法，强化空间场所认同

场所是具有特定文化意义的空间环境，它根植于特定的地理环境、地域文化与传统之中。相同的空间形态与不同的空间限定界面形式将构成氛围迥异的空间特性。因此，城镇建成环境必须被理解为"独特的场所而非抽象的空间"。[20] 所谓特性"系由场所的材料组织和造型组织所决定，……构成一个场所的建筑群的特性，经常浓缩在具有特性的装饰主题中，如特殊形态的窗、门及屋顶。这些装饰主题可能成为'传统的元素'，可以将场所的特性转换到另一个场所。"[21] 特定的地方材料、营建技艺所形成的文化景观差异性是产生场所特性的重要方面。常年于历史地段中的创作实践，培育了我对地方材料及其营建技法的敏锐感，如前文所提及，自己已自觉将其提升至建筑学层面进行研习，以促进地方当代文化景观特征的塑造。

2019 年，福州鼓岭国际历史度假区保护与再生设计工作为我们建构一种由"材料与营建技法而造就的地方独特性"的

设计方法奠定了基础。通过梳理散落于新民房中的度假别墅，我们不仅厘清了地形、地貌的独特结构关系，而且发现了以鼓岭青石为主要材料的"石头屋"（石木结构）的个性特征：向阳面采用殖民地式宽外廊、鼓岭青石砌筑内外墙（外墙皆为蛎壳灰勾缝、内墙或壳灰勾缝或以壳灰粉刷）、白色木百叶门窗、直缓坡屋顶（坡度仅约 11°，采用地方传统青瓦铺设，上压镇风石）（图 4-26）。设计一方面将其作为福州地区一种特征类型建筑进行保护再生；另一方面将其归纳为一种形式族谱，并广泛运用于鼓岭度假社区核心区的景观风貌重塑中。以"整合异体与修复碎片"[22] 再造整体连续且具有强烈可识辨性的感知意象，从而增强鼓岭度假区独一无二的"地方的诱惑"[23]。

在马尾闽安古镇地方特色的再塑中，设计紧紧抓住其"石头城"的特色，挖掘多样规格的石材用料（条石、块石、毛石等）与多种的砌筑方式（如顺砌、丁砌、花砌等，或是多种石

料相结合的砌筑方式），以及独特的石材与青砖混砌的外墙立面形式，或以石材为主、仅檐口部分饰以青砖线脚，或以砖为主、石材镶嵌其中，或下部以石为主、上部砌以青砖，形式多样，特征鲜明。我们以类型学方法，系统化梳理其特征排列组织形式，形成系列化的肌理编织谱系（图 4-27）。如前文所述，结合当代构造安全措施以及物理性能需求进行创新性的组合与构造细节研究，发展出一种颇具新意的当代地域性建筑学语汇。新材料与新语汇相结合，塑造了闽安古镇独具特色的、既根源于历史又富有时代演进性的文化景观。

对于冶山冶城遗址公园，我们更加注重石材自然属性的表现，并以大规格尺度的自然原石修复冶山山体的高峻感。采用整石架桥、巨石做墙来界定主入口空间，同时以宽厚条板石铺砌地面、巨石柱阵镌刻历史诗词、巨石组合雕塑墙等。如在公园北入口直接植入一块长 11.3m、高 3.6m、厚 1.5m 的巨石作为影壁墙，探索在不同场域空间以不同尺度规格、不同质感

图 4-26 鼓岭特征演绎

形式的石材表达历史空间特性的途径，由此赋予冶山冶城遗址公园以独特的场所感与历史特征氛围。

针对三坊七巷街区西南端的唐城宋街遗址博物馆项目，我们则以砖、石材料相结合的方式塑造其特定的场所特征。设计首先按考古发掘的唐五代罗城城墙砖的规格（长约0.38~0.4m、宽约0.2~0.21m、厚约0.065~0.07m）烧制墙砖，并作为博

物馆的主要外墙材料，同时将历史图像具体化为现实存在，以增加唐罗城城墙的感知意象。其次，根据对空间高度的不同需求，将东南侧的城壕木护岸遗址厅设计为台阶状，外砌以镌有历史信息文字的整石台阶，令其与东侧的博物馆主入口形体取得良好的衔接和呼应，从而塑造了既富历史感又具时代性的遗址博物馆可读性意象。为了强化城墙砖的图形文化意义，我们刻意用其体现

主入口北侧墙的肌理，并作为博物馆形象的导示，以进一步表达用传统材料展示场所特性的设计意图。

在三坊七巷南街段的更新设计中，我们则采用更多元的传统材料与现代语汇相融合的方法，以呼应其面向历史街区及城市中轴空间的不同场所属性。在历史街区一侧，新建筑一二层采用更富有图形性的石花基与粉墙组合的外墙，并点缀以木质感的现代材料，其上部形体则多采用玻璃幕墙，以消解建筑体量；屋顶以金属构架勾勒出类传统马鞍墙轮廓，旨在呼应历史街区特征，同时也表达了创造地方当代文化景观的价值取向。而在沿城市街道空间（南街）一侧，设计为讲究与其城市尺度的匹配以及对南街历史记忆的响应，采用了干挂石材与玻璃幕墙相组合的立面形式以满足城市核心商业区高品质空间的环境需求，并呼应其历史意象。

对于干挂石材，我们寻求传统用材与技艺所产生的砌筑感、厚重感的表达。一方面，将沿街大体块建筑商业体划分为类传统小开间建筑组成的建筑集合体，让每幢建筑面宽（W）与街道宽度（D）的比值（W/D）保持在0.4~0.6。正如日本建筑学家芦原义信所倡导："由于比D尺寸小的W反复出现，街道就会显得有生气……当的确需要很大的立面时，可以把立面划分成$W/D<1$的若干段，以便为该建筑带来变化和节奏（图4-28）。我认为以立面分段方法来保护街道整体节奏感是十分必要的。"[24] 设计通过石材色彩与质感肌理，或适当地间以纯玻璃体建筑进行立面划分，以呈现传统街道由小尺度建筑集合体组成的意象。另一方面，设计依据立面划分后的建筑体量的不同，采用不同尺度规格、不同肌理面（自然面、菠萝面或荔枝面）的石材的体现其不同的尺度特征，于微妙衔接与对比中构成整体连续又富有节奏变化的体验感知。但无论规

图4-27 闽安特征演绎

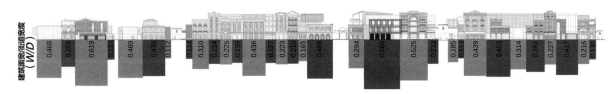

图4-28 南街建筑与道路 *W/D* 比值

格尺寸、肌理质感有多不同，我们都坚守石材自然厚重的材料属性，采用密拼接不打胶的方法，以水平向刻凹槽（槽宽度 20～25mm、深 5～10mm）及阳角处采用 L 形或 U 形石材干挂的方式体现传统营造技艺的砌筑感。为了避免雨天粗糙面的石材被淋湿，在干挂前石材均做了防水处理。在各个巷口处，为解决沿街干挂石材建筑与紧临历史街区一侧的粉墙黛瓦墙帽建筑间的良好过渡，设计还植以传统青砖墙以及玻璃幕墙，塑造了许多充满张力意趣又富地方感的夹缝景致，使得整体建筑群更加生机盎然。

砖材料及其营造技艺，亦是表达地方场所特性的重要手段。仅就我们设计项目所涉及的地区而言，福建红砖区的莆仙、闽南各地因用砖规格、砖质感、色彩及砌筑工艺不同，产生了迥异的地方建筑文化特性；而灰砖区的闽东北、闽北、闽西北地区，包括赣南、赣东地区，亦因砖规格不同、平实砌或空斗砌等或与其他材料组合方式不同，以及勾缝或不勾缝，加之黏土矿物质成分不同，造就了更多样且各具特性的建筑景观风貌。

福州历史城区建筑采用传统黏土砖有着清晰的历史脉络，至近现代前，墙体用砖几无外露，民国时期始大量出现中西合璧形式的清水砖墙建筑。福州古城区多采用清水青砖墙，城南近现代滨江历史城区，则依循建成时序，其北部的上下杭历史街区红砖元素少于其南侧紧临闽江的苍霞历史地段。闽江南岸的老仓山历史城区亦呈现此时间次序，先期临江发展的烟台山历史风貌区红砖元素少于其南部民国时期发展起来的公园路、复园路等地段。如第一章所述，在保护再生福州城南滨江城区时，我们不仅关注其与古城区历史脉络的关联及景观特征的差异性，而且注重不同时期建成区"特征区域"的历史特色，以再造城市文化景观的多元性、多样性特征彰显福州城市

的文化个性（图 4-29）。在上下杭历史街区，我们特别关注中西合璧的二三层清水砖墙、水刷石或蛎壳灰粉刷建筑为主导的类型（红砖元素仅为点缀，或以小体量建筑介入，或作为粉墙或青砖建筑的线脚），其街巷立面材料与色彩肌理的组织秩序强化了整体景观的独特性。而在苍霞历史地段特征的再造中，设计则多以红砖元素表达更新建筑，以突显其与上下杭街区的差异性。基于各更新地块周边既存的建筑特征，新建筑或以纯红砖建筑或以红砖外墙为主体、饰以粉白色或青砖线条予以呈现。通过以红砖元素为母题，将碎片化的所有历史遗存重新连缀起来，成为一个整体可理解、易识别的有机复合体。而在其沿江滨路地段，设计更将红砖元素作为一种建筑文化主题，与江滨路临江侧存续的历史建筑——青年会、洪氏茶仓库两幢红砖建筑有机关联，以进一步强化地的场所认同。2022 年，我们又完成了历史街区与临江城市景

三坊七巷街区　　　　　　　　　　　上下杭街区　　　　　　　　　　　老仓山风貌区

图 4-29　福州不同历史地段砖材质的变化

观平台的步径连接，通过在贯穿苍霞街区南北的青年横路南口跨江滨路处设置步行天桥（称为青年桥），将街区与城市滨水空间联为一体。设计以街区内红砖拱券建筑（图4-30）为类型参照进行创新性演绎，汲取了历史街区内最具地方特性的砖叠涩线脚、半圆形蛎壳灰勾缝等细节构造做法。而砖柱垛则结合钢结构特点，采用分段砌筑方式，表达时代性；外露槽钢饰以砖红色涂料，并划分成传统红色斗底砖尺寸规格，于构造细节处与历史特征做法进行关联。此外，我们还将红砖拱券元素贯彻于空间体验设计中，在地面层将其解构为片墙式构件并架于自动扶梯上，以形成空间序列导引要素；在桥上，由系列红砖拱券构成的深邃景深，无论由滨江平台进入历史街区，还是由街区向滨江空间行进，加之两侧柱垛上镌刻有反映城市历史信息的铭牌，都令游客在过往穿行中产生无限的遐想。青年桥甫一竣工开放就成为市民竞相"打卡"的网红桥，这亦让我更加坚信：通过凝练地方建筑个性特色，以创新表达方法与大众建立共鸣，就必然能实现设计强化地方场所认同并提升城市文化自信的目标。

建筑创作项目无论位于建成环境，还是位于在建新城、新区，它都关联着基地既有文脉或新的规划结构，新建筑均需潜心把控和妥帖设计，并与既有建筑有机共生，建立新旧之间良好的美学对话，以保持不同尺度规模的人居环境"作为一个整体的构图上的延续性"，[25]让城市更富有特征与艺术感染力。抑或让新介入的建筑去重构建成地区的结构秩序，赋予特定地区以场所个性，进而复兴城市活力。因此，需充分发挥不同设计项目的价值意义，以整体性思维"支持更大范围的都市规划"[26]。

为此，我们倡导：以超出创作项目范围的设计思维，在更

大尺度空间探究项目的价值与定位，理解并发现场地特征与文脉之间的关系，为项目建构明确的设计结构。通过地方性当代转绎，再造地域文化景观独特性；以地方材料与营建技法，强化空间场所认同的四种设计策略方法，以及在前三章针对不同历史城市、历史地段及乡村聚落保护与再生所提出的策略方

法，从宏观至微观的地方文化景观尺度进行思考，并秉持规划、建筑、园林、营造、场所"五位一体"的创作观，通过具体工程项目的设计创作，为不同规模尺度的城乡人居环境之特色场所营造作出积极的贡献。

南方日报社

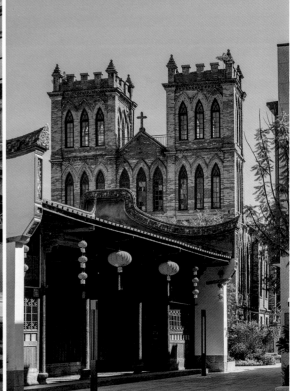
苍霞基督教堂

图4-30 青年桥类比参照原型

（二）实践作品荟萃

福州市规划设计研究院创意设计产业楼

设计 / 建成　2012 / 2015
全国优秀工程勘察设计行业奖（建筑工程设计）二等奖
福建省优秀工程勘察设计奖（建筑工程设计）一等奖

福州市规划设计研究院创意设计产业楼位于乌龙江西岸的福州高新区，规划用地面积 3.25 万 m^2，总建筑面积 12.89 万 m^2。其中一期工程为东西总长约 139m 的 6 层研发办公楼，总建筑面积 4.16 万 m^2，包括地上建筑面积 2.88 万 m^2、地下建筑 1.28 万 m^2。一期工程的东西两侧各规划有一栋百米高的研发楼，即为待建的二期工程。

本项目探索并实践了以地域建筑特征传承与当代设计语汇诠释相结合的现代办公建筑设计创作观。同时，采用被动式节能技术与现代科技节能技术相结合的方式，探寻了绿色办公建筑设计表达的新途径。

通过传统建筑生态技术与现代节能技术的有机结合，以最经济、最有效的方式达到了良好的节能减排目标。经测算，节省的运营成本约 10 年可收回绿建投资。其中，竖直折叠式智能化遮阳系统是当年国内唯一建成投入使用的。基于优秀地方传统建筑文化的当代性表达与三星绿色建筑的创新设计，本项目还获得 2015 年度住房和城乡建设部第十一批绿色建筑三星评价标识。

| 南入口景观

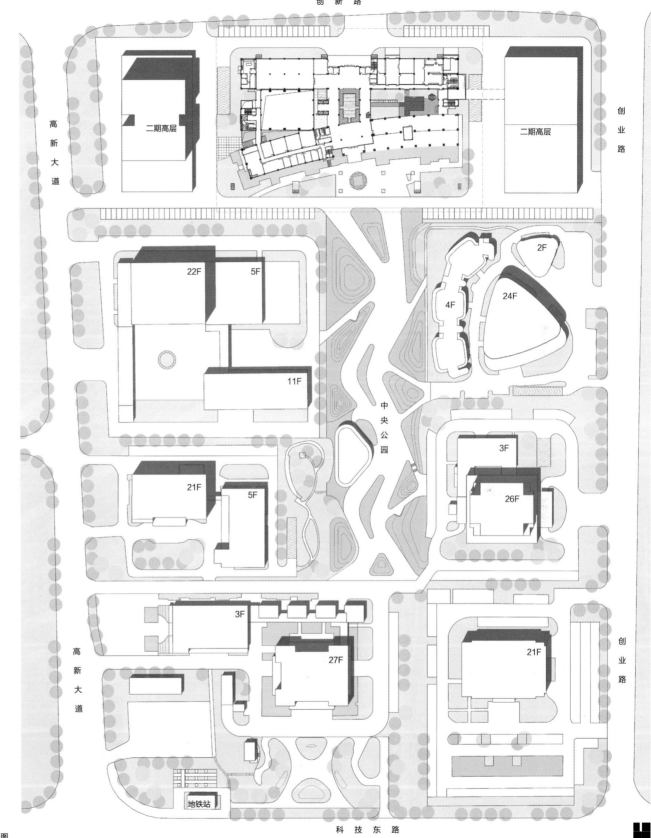

创 新 路

创 业 路

高 新 大 道

二期高层

二期高层

22F

5F

2F

4F

24F

11F

中 央 公 园

3F

21F

5F

26F

3F

27F

21F

高 新 大 道

创 业 路

地铁站

规划院创意设计产业楼首层平面图

科 技 东 路

西南向外观 ｜ 北立面折叠式遮阳系统

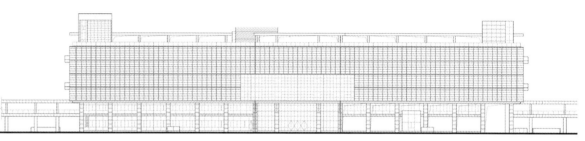

南立面

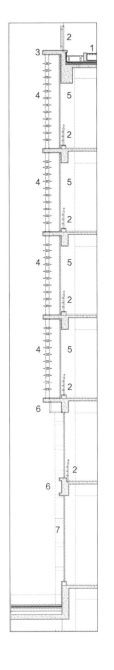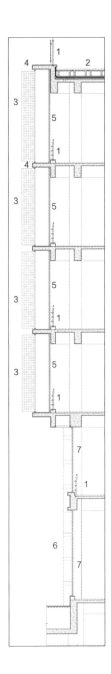

1—种植屋面；

2—不锈钢玻璃栏板；

3—外包≥1.2mm 厚白色铝单板；

4—银灰色铝合金机翼式与可调式遮阳系统；

5—隐框铝合金玻璃幕墙；

6—外包≥1.2mm 厚白色铝单板，内置钢管；

7—深灰色花岗石板幕墙

1—不锈钢玻璃栏板；

2—防腐木地板；

3—银灰色折叠式穿孔铝板遮阳系统；

4—外包≥1.2mm 厚白色铝单板；

5—隐框铝合金玻璃幕墙；

6—深灰色花岗石板幕墙；

7—显框铝合金玻璃幕墙

庭厅一体空间的创新演绎

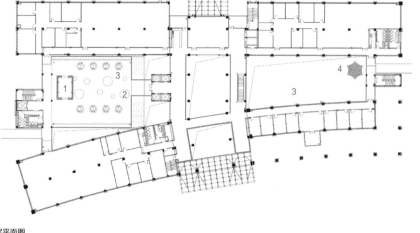

二层平面图

1—轩榭；　　　　　2—羽毛球馆上方采光玻璃；

3—内庭空间；　　　4—八角亭

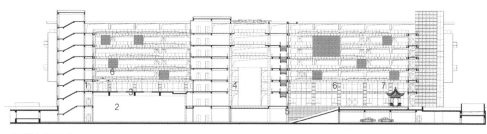

办公楼中庭剖面图一

1—轩榭；　　　　　2—羽毛球馆；　　　　3—羽毛球馆上方采光玻璃；　　　4—挑空中庭；

5—通往地下室跌水大台阶；　　6—内庭空间；　　　7—八角亭

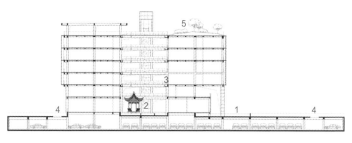

办公楼中庭剖面图二

1—浅水面；　　　　2—八角亭　　　　　3—花槽垂直绿化；

4—地下车库采光窗；　　5—屋顶菜园

明朗的中庭与两翼庭院融合

内庭垂直绿化　｜　内庭空间

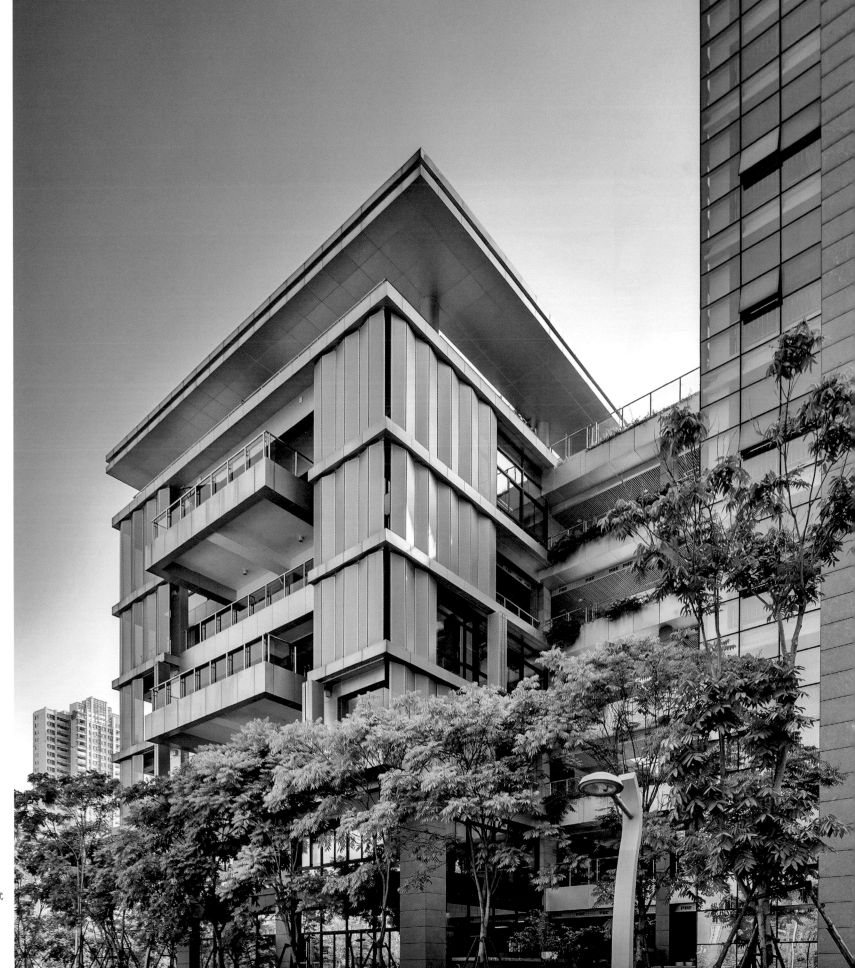

西立面遮阳形式

福州南街项目

设计 / 建成 2012—2015 / 2017

全国优秀工程勘察设计行业奖（建筑工程设计）三等奖
福建省优秀工程勘察设计奖（建筑工程设计）一等奖

城市景框

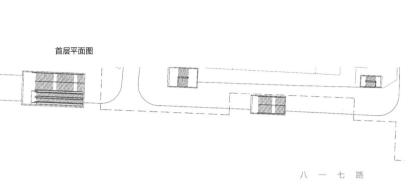

沿中轴线立面图

首层平面图

八 一 七 路

福州南街三坊七巷段更新项目总占地面积 16220m²，地上总建筑面积 28973m²，地下建筑面积 56523m²。

该项目东为城市传统中轴线（八一七路）、西为三坊七巷历史街区，设计以形态学与类型学为方法探究了城市特定历史环境中更新建筑的一种创新表达途径。地块南北长约 420m，被三坊七巷东七巷划分为若干段落。设计结合用地特征，让相对连续而规则的东侧界面体现城市中轴线的空间序列特征；西侧则结合传统街区交错的边界，形成南北蜿蜒的流动体验路径，串联起场所特征不同的各功能地块，表达了建筑的双重性。南端节点以历史建筑与更新建筑围合出"舞台式"城市空间，并作为进入街区的导引。往北至宫巷、安民巷等段落节点则处理为具有园林情境的空间场所，以呼应其形体及商业业态特征。黄巷与塔巷段是空间序列体验的高潮，它通过城市中轴尺度的大门框连接起城市中轴线空间以及地下、地上的商业空间。更为重要的是，让游人在街道上就能体验到古街区的历史特征；而市民文化客厅的营造则进一步强化了市民与游客对遗产地文化重要性的沉浸式体验。

设计通过院、门、墙的类比表达，组织了具有中国传统城市美学特质的序列空间，创造了一系列与传统空间同源的体验意象，并通过屋顶形态类型学的抽象转绎、平台与类坡顶的结合，使得新建筑与古街区有机融合，这既强化了城市中轴线空间的连续性与完整性，也为游客观赏、把握古街区整体意象创造了条件。

（合作单位：北京华清安地建筑设计有限公司）

1—塔巷口；
2—黄巷口；
3—安民巷口；
4—宫巷口；
5—A区下沉庭院；
6—C区下沉庭院；
7—吉庇巷口下沉庭院

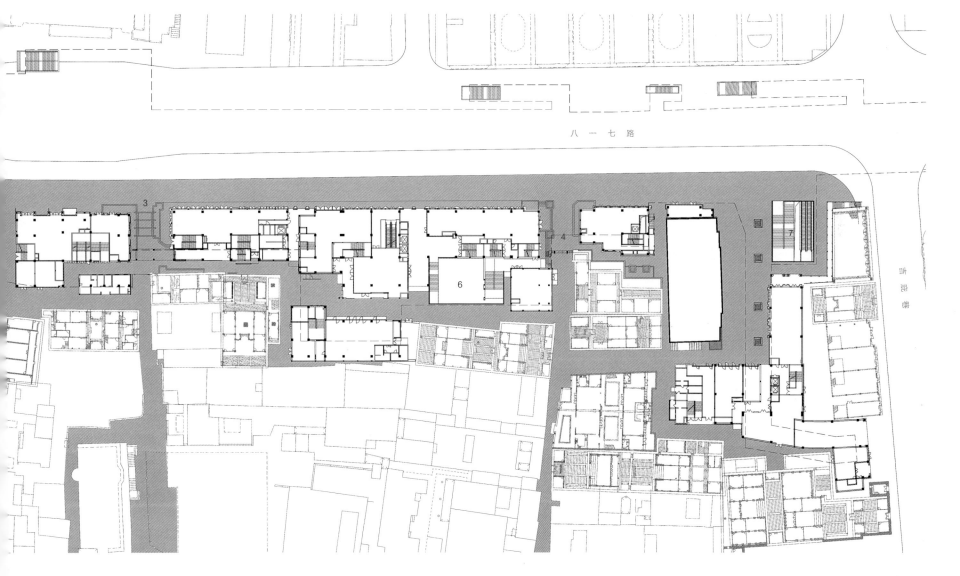

八 一 七 路

建筑与街区的退让空间

空间节点营造 | 巷道串联空间

注重空间情趣性

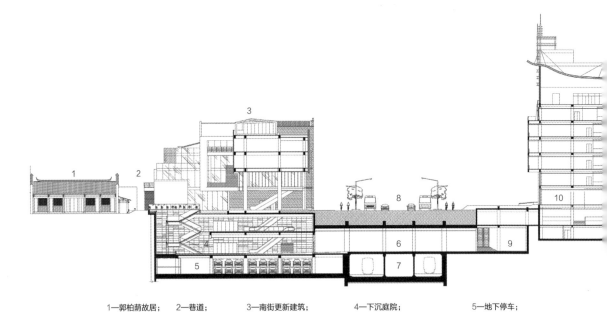

1—郭柏荫故居；　　2—巷道；　　3—南街更新建筑；　　4—下沉庭院；　　5—地下停车；

6—地下商业空间；　7—地铁轨行区；　8—八一七路（城市中轴线）；　9—与原有地下商业连接空间；　10—原有商业建筑

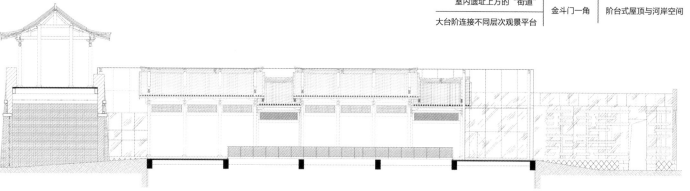

室内遗址上方的"街道" | 金斗门一角 | 阶台式屋顶与河岸空间
大台阶连接不同层次观景平台

博物馆剖面图

中国船政文化博物馆

设计 / 建成　1994 / 1998

　　位于闽江入海口的福州马尾港，是1884年"中法甲申海战"古战场所在地，中国船政文化博物馆项目就选址于其北侧山崖。马尾是中国近代海军的摇篮，也是中国近代造船及海军基地之一。19世纪60年代，清政府在马尾办船政设厂造船，制造出我国第一艘壳轮船，建立起第一支海军舰队。其所创办的船政学堂，更是培养了一大批中国近代史上可歌可泣、叱咤风云的人物。

　　基地背依马限山，东临昭忠祠（马江海战部分死难官兵埋骨处），正面直向闽江。惨烈的历史背景、特定的选址环境以

及凝重而深远的时空氛围融为一体。

　　建筑在造型寓意上以极具象征性的"舰船"为母题，建筑侧面沿坡而上的"片墙"及正面中部清代"官帽"式样的玻璃顶盖，强化了"舰船"之意象。巨大的"船体"嵌入自然山体，只有"船首"冲破岩面迎向闽江，宛若即将冲江破涛而战却被曾经灰暗的历史定格于其中，又似一位长者远眺江水娓娓讲述一百多年前的悲壮战事以及马尾船政过往的辉煌。其内部空间设计同样寻求特定历史意蕴的建筑表达。馆舍主体架于天然岩坡之上，博物馆室内随处可见外露的岩石壁，它们粗犷而质

朴，体现出因地制宜、依山就势、人与自然和谐交融的意蕴。整体建筑以强烈的感知和对比寓意着中国船政从历史的沉沦中破茧而出，历经坎坷，戮力走出一条乘风破浪、向海图强的新时代奋进之路。设计将建筑自身的空间形体与其所承载的历史文化、区域环境、功能流线以及精神诉求有机结合，体现了博物馆建筑形神合一的设计宗旨。

　　该博物馆自1998年竣工开馆，历经20多年的使用已成为船政文化主题公园的重要文化载体，也是青少年历史文化教育基地、国家国防教育示范基地和全国人文社会科学基地。

中国船政文化博物馆平面图

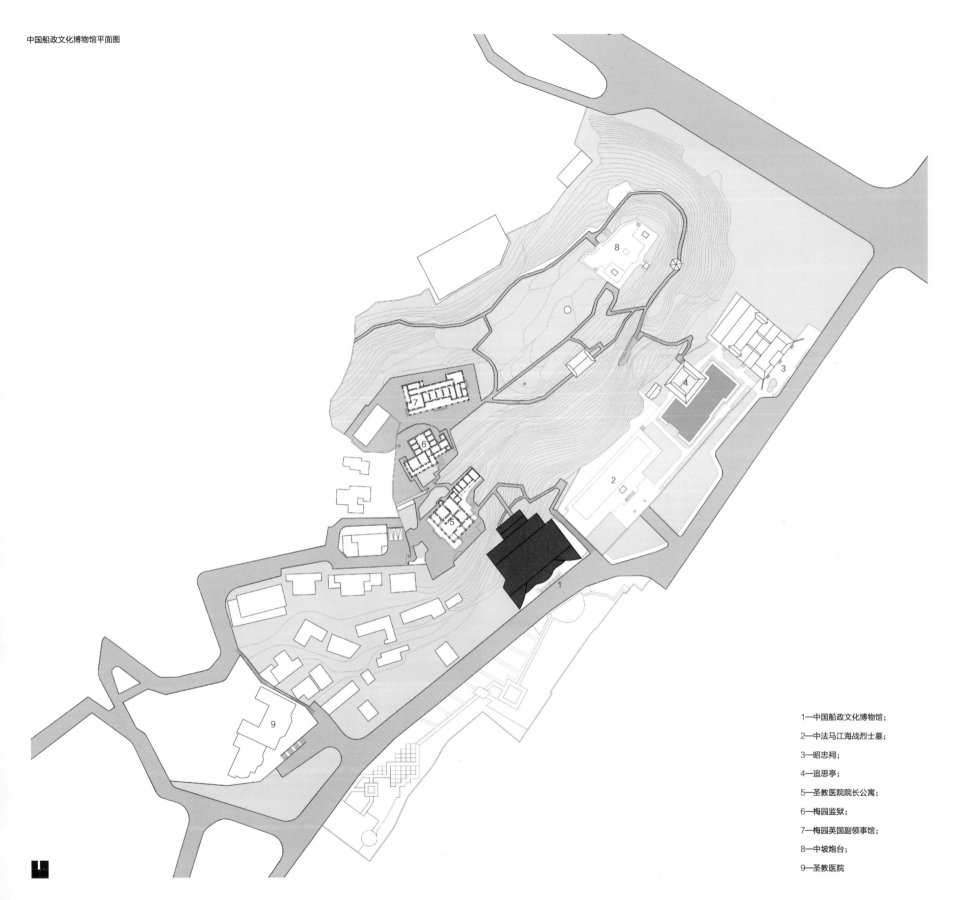

1—中国船政文化博物馆；

2—中法马江海战烈士墓；

3—昭忠祠；

4—追思亭；

5—圣教医院院长公寓；

6—梅园监狱；

7—梅园英国副领事馆；

8—中坡炮台；

9—圣教医院

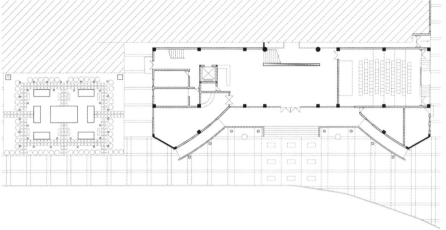

首层平面图

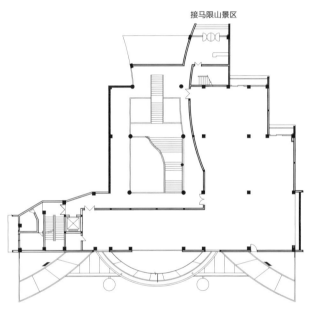

接马限山景区

四层平面图

博物馆落成后实景 | 场所氛围揭示历史信息

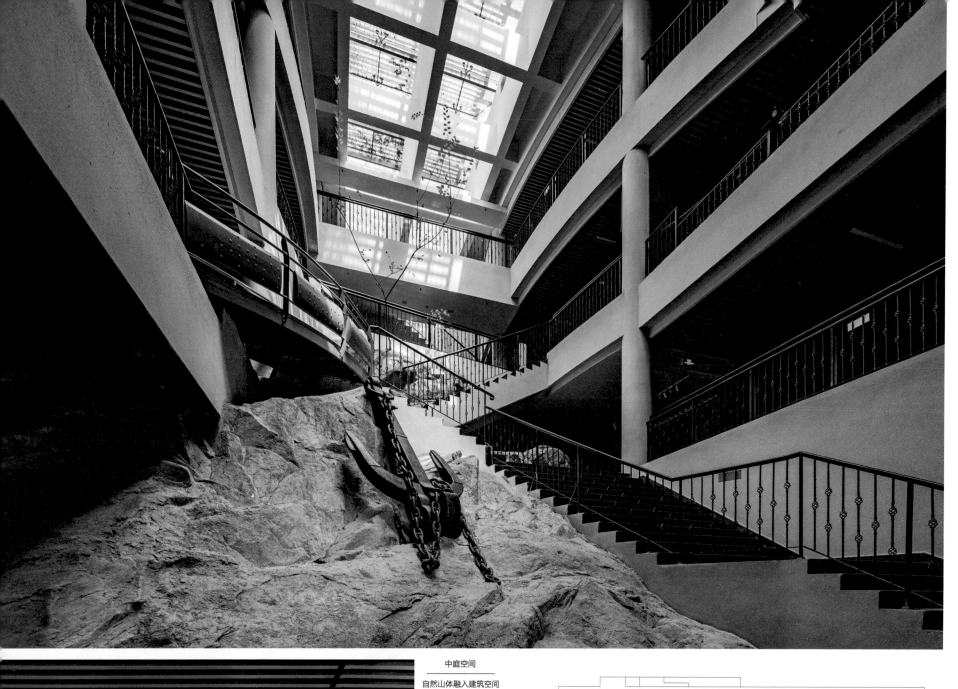

中庭空间

自然山体融入建筑空间

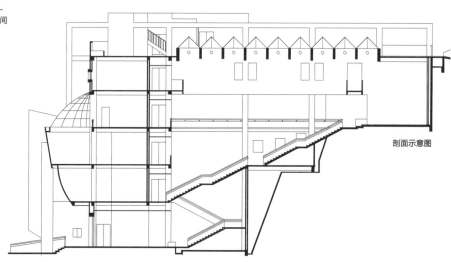

剖面示意图

空间设计尊重地形特征

博物馆与烈士
陵园的关系

烈士陵园与
博物馆的空
间关联

福州上下杭小学与幼儿园

设计 / 建成　2019 / 2021
福建省优秀工程勘察设计奖（建筑工程设计）一等奖

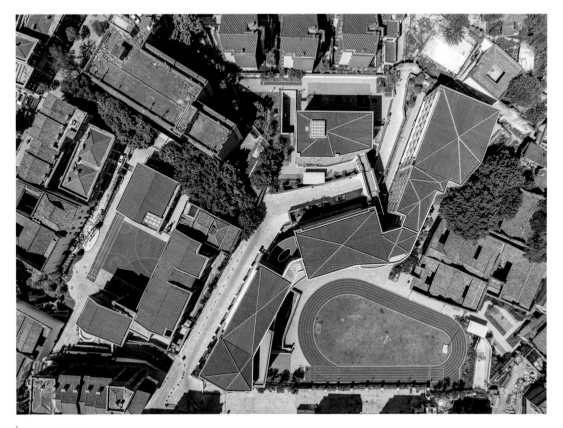

小学、幼儿园航拍

上下杭小学与幼儿园位于福州台江上下杭历史文化街区及中平路特色街区的建设控制区内，用地均在三通路西侧，被河墘街—后洋里、保家弄分隔为3个地块。小学用地大部分居河墘街—后洋里以北（部分在后洋里西南），其北与西北侧临上下杭三捷河片区，用地面积约1.1万 m²，地上建筑面积约1.2万 m²（含保留建筑1592m²）、地下室建筑面积约1.3万 m²。幼儿园处河墘街南侧，南临苍霞中平路特色街区的历史建筑群，用地面积4453m²，地上建筑面积3250m²（含保留建筑864m²）、地下室建筑面积2547m²。

上下杭与苍霞都处于福州传统中轴线南端的滨江历史城区内，地块周边有丰富的历史街巷、历史建筑和风貌建筑等存续，两校园内均有保留的历史建筑，故新建建筑需与区域内相关历史要素取得良好的协调关系，并遵循街区保护规划的相关原则。

在总平面布局上，两校园皆将主要建筑体（小学四层教学楼与南区综合楼、幼儿园三层建筑）沿河墘街—后洋里巷布置，以操场（或活动场地）与地块北侧三捷河南河沿、地块南侧中平路北的历史建筑及风貌建筑形成和谐空间关系。新建筑以多体块分解串联、小体量意趣性组合以及局部自然光引入下沉小庭院等形体空间组织方式，消解新植入建筑的体量感，并有机地嵌入周边历史肌理中。小学的活动场地则做灵活布置，依学校边界形态以不规则椭圆形跑道保证其长度要求；而部分架空或下沉活动场地，以及各层教室外有意加宽的走道与连廊，也为孩子们营造了多元化、趣味性的室内外活动空间。为满足历史街区配套的需求，规划要求两校园均设置地下停车空间。为此，设计将师生出入口设于内部巷弄（河墘街、保家弄），而把汽车出入口坡道设于东侧市政道路（三通路），以远离师生出校园的路线，形成从南向进入校园的全步行路径。

校址范围内的几栋保留建筑，诸如小学西北的合春弄2号、4号、9号等传统木构民居，经修缮后可作为学校文化展示、传统文化研习场所；幼儿园西北角的河墘街55号两层民国青砖建筑（宜华照相馆），修缮后可作为教师办公等用房。

对于学校与幼儿园的立面造型，建筑设计从其所处历史地段寻找类型特征元素并加以抽象演绎表达。小学外墙采用青砖为主、红砖点缀的色彩基调，幼儿园则为全红砖建筑外墙，以呼应上下杭与苍霞两个街区的不同个性特征，并通过镂空拼花砖饰、檐口砖叠涩线脚、青瓦坡屋面、拱券过街楼（此处也是在呼应其西侧后洋里不远处那道残败的跨街圆拱门）等方式，形成自然拼贴而生动的当代文化景观，从而塑造出该地段独特的场所氛围。

一系列潜心而精致的设计演绎及明确而妥帖的建筑语言，既可赋予校园整体清晰的空间结构，也能为历史街区重塑和谐有序的环境作出贡献。

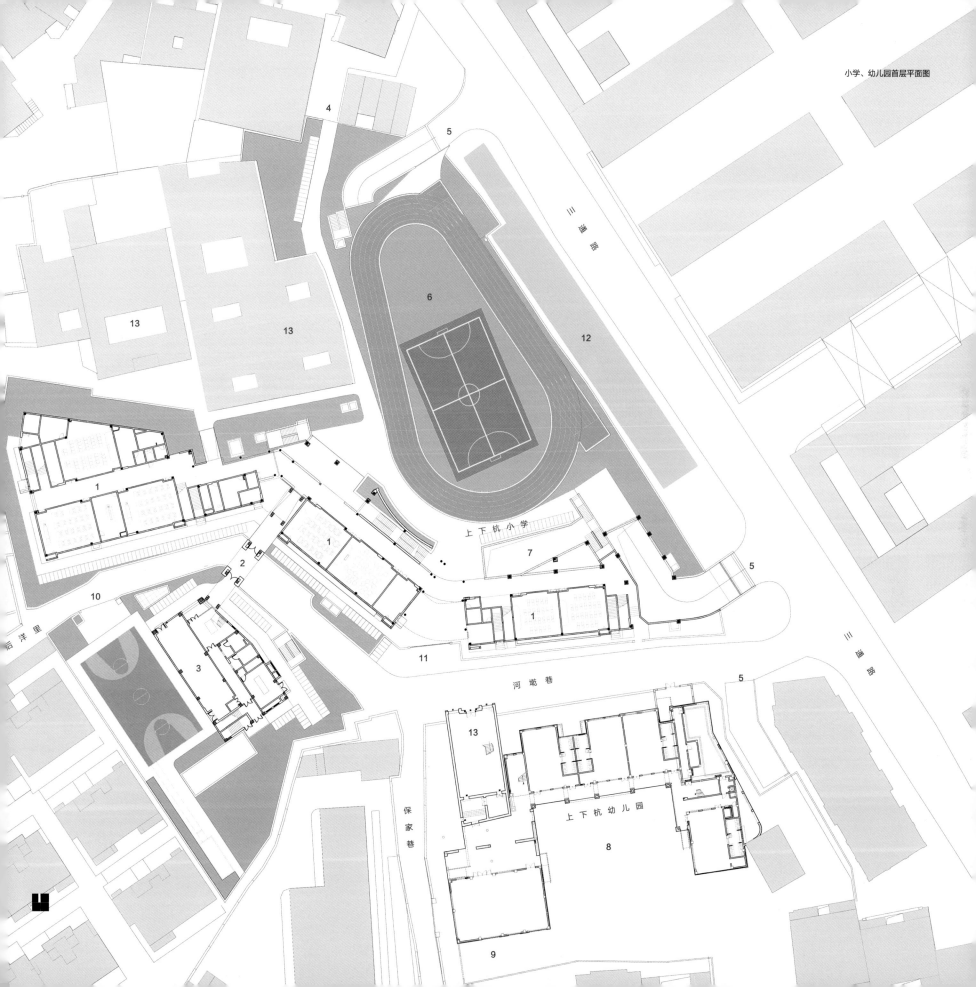

小学、幼儿园首层平面图

4

5

13

13

6

12

三通路

1

1

上下杭小学

7

2

10

后洋里

3

1

5

11

河墘巷

保家巷

13

上下杭幼儿园

8

9

三通路

5

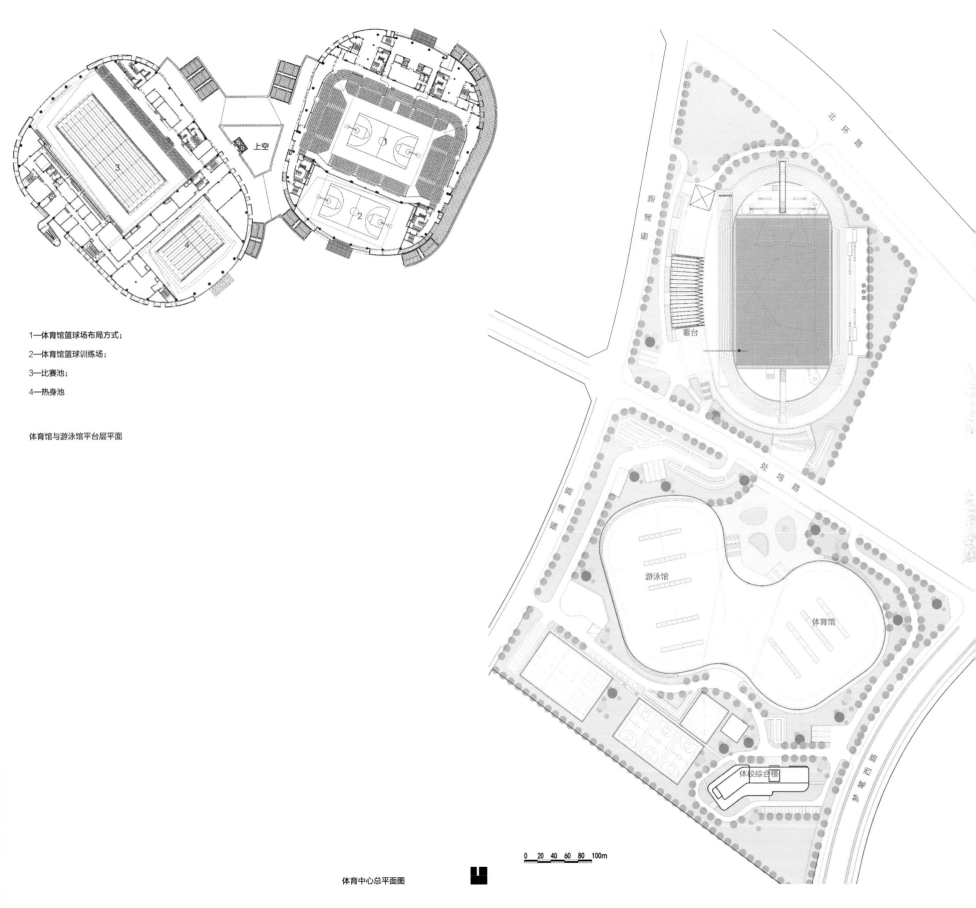

1—体育馆篮球场布局方式；

2—体育馆篮球训练场；

3—比赛池；

4—热身池

体育馆与游泳馆平台层平面

体育中心总平面图

0 20 40 60 80 100m

两馆北侧外观

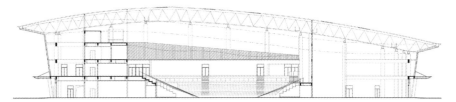

体育馆剖面图

游泳馆立面图

南向入口景观 │ 不同材料质感融合

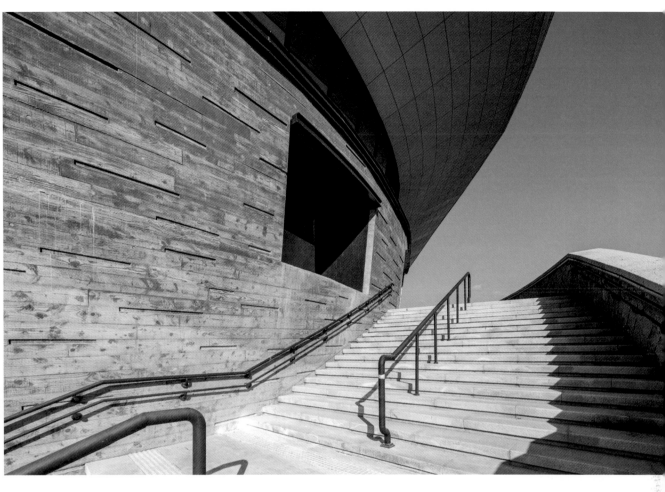

大台阶连通共享平台 | 木纹清水混凝土墙细部

福州高新区海西创新园

设计 / 建成　2015—2018 / 2019—2022

福州高新区海西新技术产业园毗邻福州大学城，总占地面积 12.35km²，是海峡两岸科技创新和高新产业对接与合作的先行区。创新园是其中最先投入建设的园区之一，总用地面积 27.62hm²，总建筑面积 72.8 万 m²。

在规划结构层面，设计以强烈的南北主轴——中轴景观带串联创新园一至三期各地块建筑。从北侧临城市干道（科技东路）大尺度的礼仪性高大柱廊"门阙"灰空间始，向南跨越创新园一期、二期数十栋研发楼形成的 600m 长的共享景观带（创客大街），接着向南穿过创新路延伸至创新园三期。三期

各高层研发楼底层挑高架空并扩展成"街廊"，营造出南北长约 1.2km，并具有城市尺度的复合功能空间。设计将园区 7% 的生活配套用房分布其中，营建员工工余休闲"逛街"的生活体验场所，且可为周边科创走廊及高校师生所共享，实现产城一体的设计目标。

创新园一期、二期位于科技东路南侧、创新路北侧，用地约 14.1hm²，地块呈南北狭长状。一期用地位于基地东侧，设计沿中央景观带布置两列共 14 栋 5~8 层面积不等的小体量建筑，便于各入驻企业依据自身规模及面积需求分栋或分层

"菜单式"选择。其北侧临科技东路园区入口的标志性"门阙"由两栋 6 层研发楼"牵手"建立，分别作为中冶研发楼与园区管理中枢。进入"门阙"，东侧建有园区的服务中心（设员工餐饮、泳池、健身、文体活动等用房）。二期用地西侧临城市主干道——旗山大道，隔街即为福建师范大学校园。项目规划为沿街展开的 6 栋 16~18 层高层点式研发楼群。高效现代的研发办公环境为更多优质企业的入驻创造了条件，同时也为城市干道奉献了一组舒展挺拔、错落有致的建筑景观。

位于一、二期南侧的三期项目由数个街块组成，设计尝试

创新园 1 ~ 3 期总平面图

创新园3期D楼、E楼鸟瞰

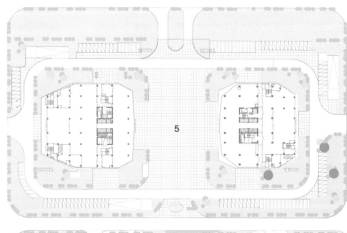

远处的中洲岛框景

———————

拱券元素贯穿路径

现代构造做法演绎拱券韵味

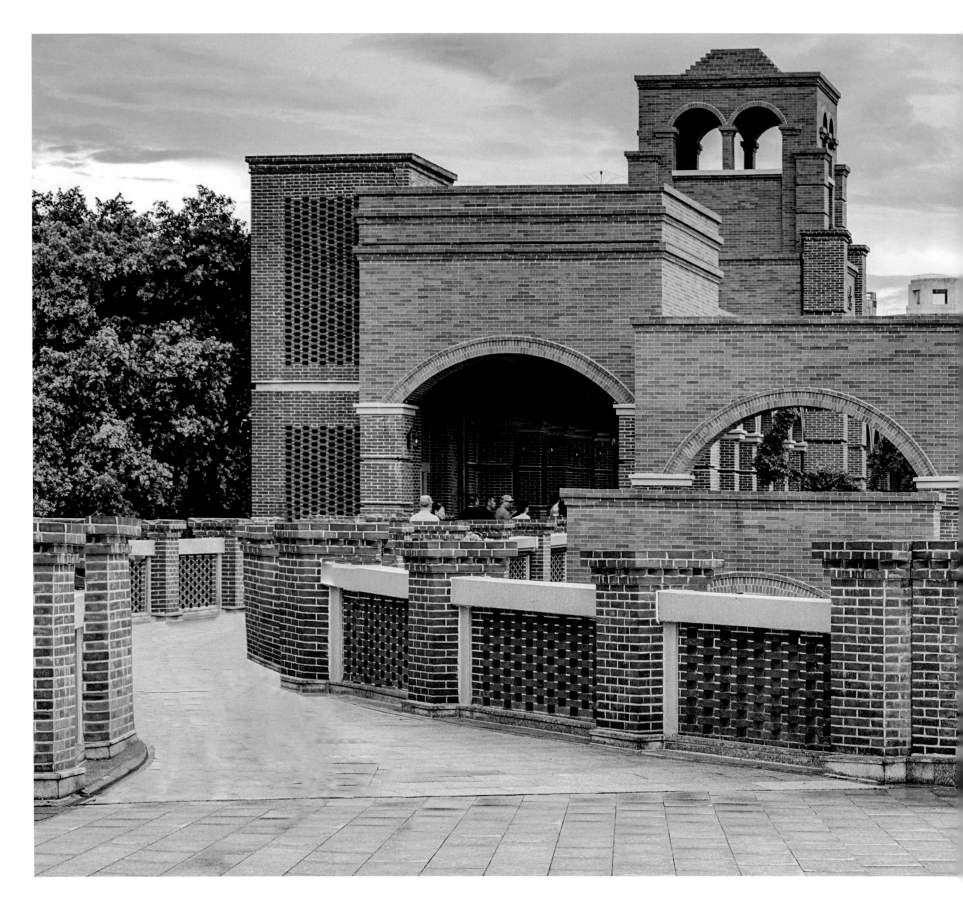

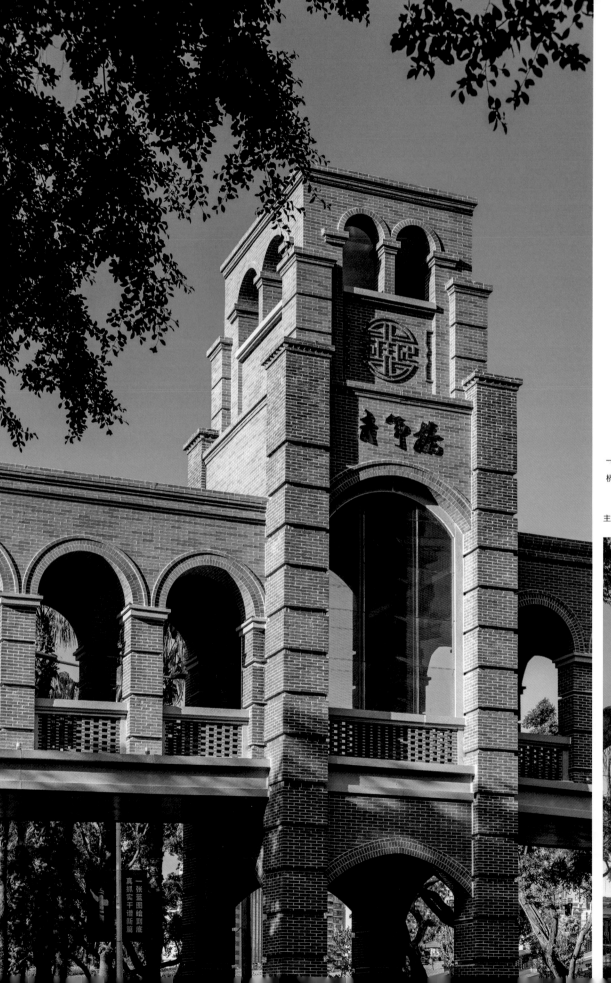

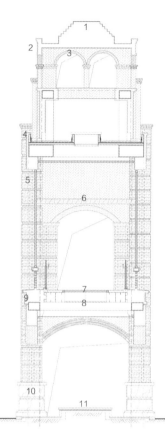

1—铝单板造型屋面，外饰仿红砖软瓷；

2—干挂铝单板，外饰仿红砖软瓷；

3—干挂铝单板拱券，外饰仿红砖软瓷；

4—干挂铝单板，外饰仿红砖软瓷；

5—钢结构柱，红砖外砌；

6—干挂铝单板，外凸墙面60mm，外饰仿花岗岩

7—多层透明钢化玻璃楼面；

8—LED屏幕；

9—干挂3mm厚暖白色仿石饰面铝单板；

10—荔枝面福州白花岗岩柱础；

11—荔枝面福州白花岗岩台面

桥身剖面图

主塔造型 | 桥与洪氏茶仓仓库关联 | 现代构造做法演绎拱券韵味

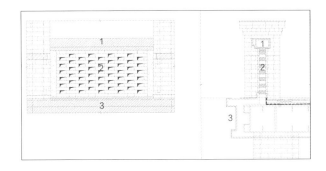

1—3mm 厚金属板外饰暖白色仿石涂料；

2—UHPC 超高性能混凝土镂空板，红砖饰面；

3—3mm 厚金属板外饰暖白色仿石涂料

细节大样图

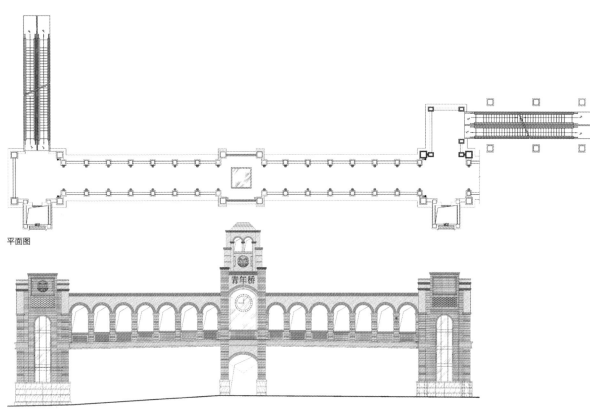

平面图

立面图